陕西省中等职业学校专业骨干教师培训系列教材

计算机及应用技术教程

主　编　丁春莉　　陈　辉

主　审　李吟龙

西安电子科技大学出版社

内 容 简 介

本教程精心设计了 6+1 个教学模块：前 6 个教学模块中，每个均包含 1～3 个项目，每个项目又包含若干任务，并在模块实施过程中重点突显了教学设计、教学组织、教学方法和考核评价等；最后的 1 个模块重点对前 6 个教学模块中引用的职业教育教学方法和教学设计进行了介绍。

整个教程包括 PowerPoint 课件制作技术、Flash 课件制作技术、Photoshop 图形处理技术、Premiere 视频编辑技术、HTML 网页编程技术、JavaScript 开发技术、职业教育教学方法和教学设计等部分。

本教程语言精练，图文并茂，操作性和实用性强，并配有课件，适合职业院校教师计算机培训和自学者使用。

图书在版编目(CIP)数据

计算机及应用技术教程/丁春莉，陈辉主编. —西安：西安电子科技大学出版社，2016.1
陕西省中等职业学校专业骨干教师培训系列丛书
ISBN 978-7-5606-3952-9

Ⅰ. ① 计… Ⅱ. ① 丁… ② 陈… Ⅲ. ① 电子计算机—中等专业学校—教材 Ⅳ. ① TP3

中国版本图书馆 CIP 数据核字(2015)第 317209 号

策　　划　李惠萍
责任编辑　许青青　闫柏睿
出版发行　西安电子科技大学出版社(西安市太白南路 2 号)
电　　话　(029)88242885　88201467　　邮　　编　710071
网　　址　www.xduph.com　　　　电子邮箱　xdupfxb001@163.com
经　　销　新华书店
印刷单位　陕西华沐印刷科技有限责任公司
版　　次　2016 年 1 月第 1 版　　2016 年 1 月第 1 次印刷
开　　本　787 毫米×1092 毫米　1/16　印　张　17.375
字　　数　405 千字
印　　数　1～1000 册
定　　价　33.00 元
ISBN 978-7-5606-3952-9/TP
XDUP 4244001-1
如有印装问题可调换

序 言

教育之魂，育人为本；教育质量，教师为本。高素质高水平的教师队伍是学校教育内涵实力的真正体现。自"十一五"起，教育部就将职业院校教师素质提升摆到十分重要的地位，2007年启动《中等职业学校教师素质提高计划》，开始实施中等职业学校专业骨干教师国家级培训；2011年印发了《关于实施职业院校教师素质提高计划的意见》《关于进一步完善职业教育教师培养培训制度的意见》和《关于"十二五"期间加强中等职业学校教师队伍建设的意见》。我省也于2006年率先在西北农林科技大学开展省级中等职业学校专业骨干教师培训，并相继出台了相关政策文件。

2013年6月，陕西省教育厅印发了《关于陕西省中等职业教育专业教师培训包项目实施工作的通知》，启动培训研发项目。评议审定了15个专业的研究项目，分别是：西安交通大学的护理教育、电子技术及应用，西北农林科技大学的会计、现代园艺，陕西科技大学的机械加工技术、物流服务与管理，陕西工业职业技术学院的数控加工技术、计算机动漫与游戏制作，西安航空职业技术学院的焊接技术及应用、机电技术及应用，陕西交通职业技术学院的汽车运用与维修、计算机及应用，杨凌职业技术学院的高星级饭店运营与管理、旅游服务与管理，陕西学前师范学院的心理健康教育。承担项目高校皆为省级以上职教师资培养培训基地，具有多年职教师资培训经验，对培训研发项目高度重视，按照项目要求，积极动员力量，组建精干高效的项目研发团队，皆已顺利完成调研、开题、期中检查、结题验收等研发任务。目前，各项目所取得的研究报告、培训方案、培训教材、培训效果评价体系和辅助电子学习资源等成果大都已经用于实践，并成为我们进一步深化研发工作的宝贵经验和资料。

本次出版的"陕西省中等职业学校专业骨干教师培训系列教材"是培训包研发成果之一，具有四大特点：

一是专业覆盖广，受关注度高。8 大类 15 个专业都是目前中等职业学校招生的热门专业，既包含战略性新兴产业、先进制造业，也包括现代农业和现代服务业。

二是内容新，适用性强。教材内容紧密对接行业产业发展，突出新知识、新技能、新工艺、新方法，包括专业领域新理论、前沿技术和关键技能，具有很强的先进性和适用性。

三是重实操，实用性强。教材遵循理实并重原则，对接岗位要求，突出技术技能实践能力培养，体现项目任务导向化，实践过程仿真化，工作流程明晰化，动手操作方便化的特点。

四是体例新，凸显职业教育特点。教材采用标准印制纸张和规范化排版，体例上图文并茂、相得益彰，内容编排采用理实结合、行动导向法、工作项目制等现代职业教育理念，思路清晰，条块相融。

当前，职业教育已经进入了由规模增量向内涵质量转化的关键时期，现代职业教育体系建设，大众创业、万众创新，以及互联网+、中国制造 2025 等新的时代要求，对职业教育提出了新的任务和挑战，着力培养一支能够支撑和胜任职业教育发展所需的高素质、专业化、现代化的教师队伍已经迫在眉睫。本套教材是广大从事职业教育教学工作的人员在实践中不断探索、总结编制而成的，既是智慧结晶，也是改革成果，这些教材为我省相关专业骨干教师培训的指定用书，也可供职业院校师生和技术人员使用。

教材的编写和出版在省教育厅职业教育与成人教育处和省中等职业学校师资队伍建设项目管理办公室精心组织安排下开展，得到省教育厅领导、项目承担院校领导、相关院校继续教育学院（中心）及西安电子科技大学出版社等部门的大力支持，在此我们表示诚挚的感谢！希望读者在使用过程中提出宝贵意见，以便进一步完善。

陕西省中等职业学校专业骨干教师培训系列教材

编写委员会

2015 年 11 月 22 日

陕西省中等职业学校专业骨干教师培训系列教材

编审委员会名单

主　任：王建利

副主任：崔　岩　韩忠诚

委　员：（按姓氏笔划排序）

王奂新　　王晓地　　王　雄　　田争运　　付仲锋　　刘正安

李永刚　　李吟龙　　李春娥　　杨卫军　　苗树胜　　韩　伟

陕西省中等职业学校专业骨干教师培训系列教材

专家委员会名单

主　任：王晓江

副主任：韩江水　　姚聪莉

委　员：（按姓氏笔划排序）

丁春莉　　王宏军　　文怀兴　　冯变玲　　朱金卫　　刘彬让

刘德敏　　杨生斌　　钱拴提

◀◀ 前　　言 ▶▶

为贯彻落实《陕西省教育厅、陕西省财政厅关于实施中等职业学校教师素质提高计划的意见(2011—2015)》(陕教职〔2012〕35 号)和《陕西省教育厅关于加强中等职业学校教师队伍建设的意见》(陕教职〔2012〕39 号)的精神和要求，本教材编写组成员在总结多年来基地培训经验的基础上，经过调研分析国内外特别是我省中等职业学校"计算机及应用"专业课程开设情况、师资配备情况、毕业生计算机应用技能情况，以及用人单位对中职学校学生计算机技能的要求等，本着"授人以鱼不如授人以渔"的理念，确立了以教师执教能力培养为主线，采用模块化、项目化、任务引领方式的理实一体化培训教材编写思路。

本教程分为 7 个模块，分别是 PowerPoint 课件制作技术(模块 1)、Flash 课件制作技术(模块 2)、Photoshop 图形处理技术(模块 3)、Premiere 视频编辑技术(模块 4)、HTML 网页编程技术(模块 5)、JavaScript 开发技术(模块 6)、职业教育教学方法和教学设计(模块 7)等部分。

本教程由长期从事职业院校计算机及应用课程教学、实践经验丰富的骨干教师和 IT 企业技术专家合作编写，模块 1 由丁华编写，模块 2 由陈戈编写，模块 3 由赵铎编写，模块 4、7 由丁春莉编写，模块 5 由赵晓华编写，模块 6 由陈辉编写。丁春莉、陈辉担任主编，李吟龙担任主审。

本教程在编写过程中得到了陕西省教育厅、陕西交通职业技术学院的大力支持，还得到了陕西省师资培训项目办公室和省内多位职业教育专家的指导，在此一并表示诚挚的谢意！

本教程在编写过程中参考了大量资料，书稿虽经反复斟酌、修改，仍难免有疏漏与不足，敬请读者批评指正。

编　者

2015 年 11 月

◂◂ 目　　录 ▸▸

模块 1　PowerPoint 课件制作技术

PowerPoint 2003 是 Office 2003 办公自动化套件之一，主要用于制作专业化的演示文稿。课件制作是教师的必备技能之一，本模块讲述 PPT 设计制作思路及特殊动画效果的制作，通过两个项目深入学习和实践课件制作中比较复杂的动画设计技术。计划课时为 18 课时。

1.1　教 学 设 计

本模块的教学设计如下表所示。

模块内容	项 目 名 称		课时分配(学时)
	项目 1：世园会宣传课件的制作		10
	项目 2：PPT 课件复杂动画的制作		8
学习目的	(1) 能掌握 PPT 制作课件的基本思路； (2) 能掌握 PPT 中排版布局和图文处理的技巧和方法； (3) 能熟练应用 PPT 中的各种技术制作特效		
教学活动组织	本课程采用理实一体化教学，在计算机实训室授课，每堂课主要由以下部分组成： (1) 课程目标和课程案例演示(每个项目案例的开始部分的案例演示)； (2) 课程回顾； (3) 本项目的任务； (4) 知识(技能)讲解； (5) 设计任务描述； (6) 知识技能小结； (7) 现场练习； (8) 任务讲解和小结； (9) 总结和布置作业		
教学方法	(1) 基本教学方法：任务驱动教学法，课堂设问和提问		
	(2) 进阶教学方法：对比教学方法，现场制作教学法		
	(3) 高级教学技巧：课堂陷阱教学法		
效果评价	项目名称	阶段	评 价 要 点
	项目 1 世园会宣传 课件的制作	项目准备	素材准备，PPT 基本技术
		项目实施	制作技巧和制作要领的应用
		项目展示	播放流畅，图文搭配出彩
	项目 2 PPT 课件 复杂动画的制作	项目准备	素材准备，PPT 基本技术
		项目实施	特效的制作及其应用
		项目展示	播放流畅，特效应用得当

1.2 项目1——世园会宣传课件的制作

1.2.1 项目介绍

本项目的具体内容见下表。

项目描述	本项目通过制作一个完整的世园会主题宣传课件,学习设计幻灯片母版、超链接、图片动画等多种 PPT 设计技术	
项目内容	任务1 PPT 母版设计与标题页制作	135 分钟
	任务2 在世园会宣传演示文稿中添加自定义动画	135 分钟
	任务3 世园会宣传演示文稿的综合设计	180 分钟

1.2.2 任务1 PPT 母版设计与标题页制作

1. 任务描述

使用指定素材,按照要求设计世园会主题幻灯片母版,并且以母版为基础,制作幻灯片的标题页。设计完成的 PPT 如图 1-1 所示。

图 1-1 世园会标题页

2. 教学组织

首先展示项目案例,然后说明制作思路等,接着讲授 PPT 案例中的核心技术。在讲授核心技术的时候,可以采用对比教学法吸引学生参与课堂活动,具体可以分解为如下步骤。

1) 案例演示(10 分钟)

采用课堂设问和提问教学法,引导学员在案例演示过程中进行思考,以加深其对案例的了解。

2) 核心技术学习(40 分钟)

可采用对比教学法进行教学，同时，每一部分教学配合验证案例，主要内容包括 PPT 的基本技术，PPT 的母版及其设计方法和 PPT 艺术字制作。

3) 典型示例解析(20 分钟)

建议采用任务分解法和课堂陷阱教学法对典型示例进行解读。注意使用课堂设问和提问。

4) 任务实施(40 分钟)

采用任务驱动教学法进行现场练习。

5) 自我评价、总结和作业布置(25 分钟)

学员对完成的练习进行自我评价，教师进行总结，重点对一些共性的错误进行分析，并布置课后作业。

3. 关键知识点

1) 幻灯片母版

幻灯片母版用来定义整个演示文稿幻灯片的格式，例如每张幻灯片都要出现的文本或图形的大小、位置、颜色及背景颜色等，从而可以控制演示文稿的整体外观。

要对幻灯片母版进行操作，首先应打开幻灯片母版，进入幻灯片母版视图。可以在打开一个旧的演示文稿或创建一个新的演示文稿后，使用"视图"菜单中的"母版"，显示下一级子菜单，选择其中的"幻灯片母版"命令，就将幻灯片母版显示在工作窗口中了。如图 1-2 所示，就是一个标准的幻灯片母版样式。

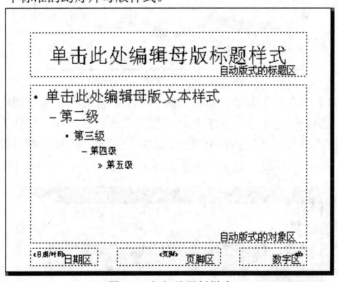

图 1-2　幻灯片母版样式

打开幻灯片母版之后，在默认情况下有 5 个占位符，可以在这些占位符中对幻灯片母版进行如下设置：

(1) 单击"自动版式的标题区"，使用"格式"菜单中的"字体"命令，设置字号、颜色以及效果等。还可以对母版进行美化，比如插入图片、添加阴影等。

(2) 单击"自动版式的对象区"，可以对此区域内的文本进行格式设置。还可以单击某一级文本，然后使用"格式"菜单中的"项目符号和编号"命令，在弹出的"项目符号和编号"对话框中，改变项目符号的样式。

(3) 可以为母版添加页眉和页脚、日期/时间及幻灯片编号。例如，在幻灯片母版中，添加制作幻灯片的时间和日期，则当前演示文稿的每张幻灯片中都会添加上制作的时间和日期。

2) 艺术字设计

艺术字经常被应用于各种演示文稿、海报、文档标题和广告宣传册中，它可以作为图形对象放置在页面上，并可进行移动、复制、旋转和调整大小等操作，产生一种特殊的文字效果，在优化版面方面起到了非常重要的作用。

插入艺术字的具体操作步骤如下：

首先，依次选择"插入"菜单的"图片"中的"艺术字"命令，或单击"绘图"工具栏中的"插入艺术字"按钮，弹出如图 1-3 所示的"艺术字库"对话框。

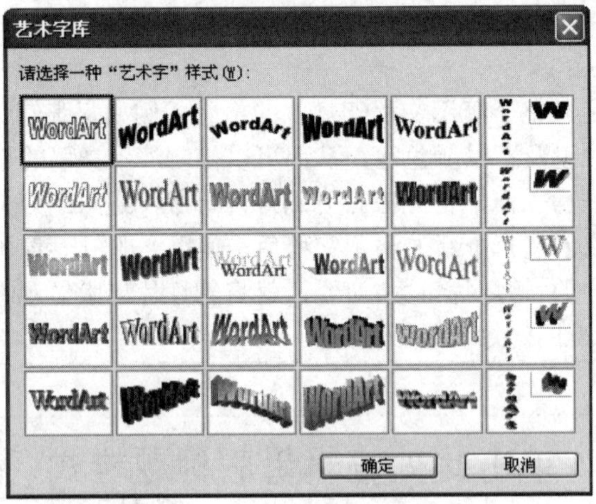

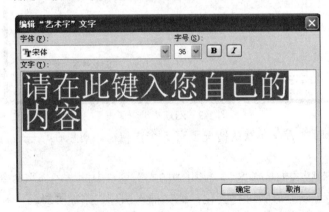

图 1-3 "艺术字库"对话框

然后在"艺术字库"对话框中，单击一种艺术字的样式，单击"确定"按钮，会出现如图 1-4 所示的"编辑'艺术字'文字"对话框，输入文字，在"字体"下拉列表中选择艺术字的字体，在"字号"下拉列表中选择艺术字的字号，还可根据需要选择"加粗"或"斜体"，单击"确定"按钮，完成艺术字的插入。

图 1-4 "编辑'艺术字'文字"对话框

4.任务实施

1) 任务要求

(1) 启动 PowerPoint 2003，新建演示文稿，将窗体中的幻灯片版式设置为"空白"。

(2) 设计如图 1-5 所示的演示文稿母版。母版格式要求为：背景为"花束"纹理填充效果，并插入"石榴娃娃"图片；插入文本框，背景色为酸橙色，透明度为 75%，边框为玫红色，用 0.5 磅实线；在文本框中添加"西安世园会介绍"文字，字号为 18 磅，字体为宋体；在文本框中添加如图 1-5 所示的六张图片，图片的大小设置为宽度 1.8 厘米，高度 1厘米。

图 1-5　幻灯片母版设计

(3) 在第一张幻灯片中插入艺术字"西安世园会介绍"，样式为"艺术字库"对话框中的第一行、第一列，字号为 60 磅，字体为华文行楷，填充颜色为绿色，无线条颜色。

(4) 将素材中的图片"天女散花.jpg"、"长安塔.jpg"、"绿色之手.jpg"、"广运门.jpg"插入第一张幻灯片中，要求每个图片大小为宽 12 厘米、高 9 厘米。

(5) 将演示文稿保存为"任务 1 世园会介绍.ppt"。

2) 任务实施步骤

(1) 启动 PowerPoint 2003，创建新的演示文稿，并设置幻灯片版式。

① 启动 PowerPoint 2003，常采用如下三种方式：

● 选择"开始"菜单→"程序"→"Microsoft Office"→"Microsoft PowerPoint 2003"。

● 双击桌面上"PowerPoint 2003"的快捷图标。

● 双击某演示文稿文件名，即可启动 PowerPoint 2003，同时打开该演示文稿。

选择一种启动方法，进入如图 1-6 所示的 PowerPoint 2003 主窗口。

② 设置幻灯片版式。点击"开始工作"任务窗格中的标题"开始工作"，在出现的列表中选择"幻灯片版式"，任务窗格内容改变为"幻灯片版式"任务窗格，选取"空白"版式，将窗体中的幻灯片版式设置为空白。

(2) 设计幻灯片母版。

① 进入母版视图。选择菜单"视图"→"母版"→"幻灯片母版"，进入幻灯片母版视图。

② 设计母版背景。在母版空白处点击右键，选择"背景"，打开"背景"对话框，在下拉列表中选取"填充效果"，打开"填充效果"对话框，选取"纹理"选项卡中的"花束"纹理，点击"确定"回到"背景"对话框，再点击"全部应用"。

图 1-6 演示文稿主窗口

③ 设计母版文字和图片。选择菜单"插入"→"文本框"→"横排"命令，或单击绘图工具栏中的文本框按钮，在如图 1-5 所示的位置添加文本框。

④ 在文本框中输入"西安世园会介绍"。选中文字，单击"格式"菜单中的"字体"命令，打开"字体"对话框，设置字号为 18 磅、字体为宋体，如图 1-5 所示。

⑤ 设置文本框格式。将鼠标置于文本框中，单击"格式"菜单中的"文本框"命令，打开"设置文本框格式"对话框，选择"颜色和线条"命令，在"填充"下将"颜色(C)"设置为酸橙色，透明度设置为 75%；在"线条"下将"颜色(O)"设置为梅红色，"虚线"设置为 0.5 磅实线。设置方法与在 Word 中设置文本框格式方法相似。

⑥ 选择菜单"插入"→"图片"→"来自文件"命令，将"草地.jpg"、"石榴花.jpg"、"长安塔.jpg"、"广场.jpg"、"亭子.jpg"、"世园会标.png"六张图片依次加入母版，并设置大小为宽度 1.8 厘米、高度 1 厘米。插入位置如图 1-5 所示。

母版设置好后，点击"幻灯片母版视图"工具栏中的"关闭母版视图"按钮，回到普通视图下，编辑第一张幻灯片。

(3) 插入艺术字。

点击"插入"菜单，选择"图片"，点击"艺术字"，插入"西安世园会介绍"艺术字，并按照要求设置格式，设计方法与在 Word 中添加艺术字相同。设置完成后如图 1-7 所示。

(4) 插入图片。

按照任务要求将图片插入第一张幻灯片中(图片插入方法与在 Word 中插入图片相同)，并设置图片大小。

图 1-7　设置完成的效果

(5) 保存演示文稿。

选择"文件"→"保存"命令或单击常用工具栏中保存按钮 ，在出现的"另存"对话框中输入演示文稿文件名"任务 1 世园会介绍"，点击"确定"按钮保存文稿。

5. 任务测评

可按下表所示内容进行本任务的测评。

序号	测 评 内 容	测 评 结 果	备　注
1	是否掌握 PPT 的基本操作	好、中、及格	
2	是否能熟练编辑幻灯片母版	好、中、及格	
3	能否正确插入和编辑艺术字	好、中、及格	

1.2.3　任务 2　在世园会宣传演示文稿中添加自定义动画

1. 任务描述

以任务 1 设计的幻灯片为基础，添加自定义动画，效果如图 1-8 所示。

图 1-8　自定义动画效果图

2. 教学组织

首先展示任务，然后说明制作思路等，接着讲授 PPT 案例中的核心技术。在讲授核心技术的时候，可以采用对比教学吸引学生参与课堂活动，具体可按如下步骤进行。

1) 案例演示(10 分钟)

采用课堂设问和提问教学法，引导学员在案例演示过程中进行思考，以加深其对案例的了解。

2) 核心技术学习(40 分钟)

可采用对比教学进行教学，主要内容包括自定义动画和幻灯片播放技巧。

3) 典型示例解析(20 分钟)

建议采用任务分解法和课堂陷阱教学法对典型示例进行解读。注意使用课堂设问和提问。

4) 现场练习(40 分钟)

采用任务驱动教学法进行现场练习。

5) 自我评价、总结和作业布置(25 分钟)

学员对现场完成的案例进行自我评价，教师进行总结，重点对一些共性的错误进行分析，并布置课后作业。

3. 关键知识点

1) 典型"自定义动画"及其应用

(1) "自定义动画"的基本知识。

● 基本"自定义动画"的类别。基本的"自定义动画"包括四大类别：★：进入(绿色)；✿：强调(黄色)；★：退出(红色)；☆：动作路径(无填充色)。

注意：在解读他人设计的"自定义动画"时，一个十分有用的技巧就是通过动画图标及其填充颜色来初步判别其动画类别和动画效果。

● 基本"自定义动画"的动画效果。PowerPoint 为基本"自定义动画"总计提供了四类(每类又分为四个子类)203 种动画效果，如下所述。

"进入"类动画效果分为四种子类型：基本型、细微型、温和型和华丽型，总计含有 $19 + 4 + 12 + 17 = 52$ 种动画效果。

"强调"类动画效果分为四种子类型：基本型、细微型、温和型和华丽型，总计含有 $9 + 13 + 4 + 5 = 31$ 种动画效果。

"退出"类动画效果分为四种子类型：基本型、细微型、温和型和华丽型，总计含有 $19 + 4 + 12 + 17 = 52$ 种动画效果。

"动作路径"类动画效果分为四种子类型：基本型、直线与曲线型、特殊型和绘制自定义路径型，总计含有 $18 + 30 + 16 + 4 = 68$ 种动画效果。

● 基本"自定义动画"的设置对象：标题、文本、文本框和图像等，用户通常可以对幻灯片中的对象设置动画效果。

注意：并非所有的动画效果都能适合上述全部四种对象，例如某些动画效果就不适用于"图像"。如在"幻灯片母版"中设置文本或图像的"自定义动画"，则所设置的动画将出现在选用该母版的每一张幻灯片中。

建议：鉴于"自定义动画"的动画效果多达 203 种，初学者可自己建立一个 PowerPoint 演示文档，每周学习与记录几个动画效果的"动画特点"、"适用对象"、"可能应用"等，在此基础上分解经典动画案例，再结合教学应用需求举一反三。

(2) 添加"自定义动画"效果。

① 显示任务窗格"自定义动画"。在 PowerPoint 窗口中执行菜单"视图"→"任务窗格"命令，窗口右侧会显示某一种"任务窗格"，再单击"任务窗格"标题栏右侧向下箭头，在弹出的列表中选择"自定义动画"，即显示"自定义动画"任务窗格。

② 添加"自定义动画"效果。在幻灯片中选中要添加动画的"对象"，在"自定义动画"任务窗格中，单击按钮"添加效果"，继续单击下拉列表中动画类别，再由弹出的列表"动画效果"中选择需要设置的动画效果。

如果列表"动画效果"中没有需要的动画效果，可选择"其他效果"，再在弹出的相应动画类别所包含的全部效果对话框中选择设置；所选择设置的动画效果将被添加到任务窗格"自定义动画"的下半部"动画项"栏的列表中。

(3) 基本"自定义动画"的参数设置。

① 常用参数设置区及其参数的简单设置。

常用参数设置区位于任务窗格"自定义动画"上部，界面如图 1-9 所示，参数如下所述。

图 1-9　常用参数设置区

● "开始方式"的类型及其设置。"开始方式"涉及动画启动及其与上一个动画的关系，包括下列三种类型：

➢　单击时：开始(与上一个动画无关)；

➢　之前：与上一个动画同时开始；

➢　之后：在上一个动画结束后开始。

其简单设置方法如下：选中要设置其动画"开始方式"的对象，单击"自定义动画"任务窗格中常用参数设置区的第一行"开始"栏右侧向下箭头，在弹出的下拉列表中根据需要选择："单击时(　)"、"之前"或"之后(　)"。

● "属性(方向、颜色等)"参数的设置。常用参数设置区的第二行随动画效果的不同而不同，常见的有属性、方向和颜色等，可根据需求选择设置。

● "速度"参数的类型与设置。"速度"参数包括五种类型：非常慢(5 秒)，慢速(3 秒)，中速(2 秒)，快速(1 秒)，非常快(0.5 秒)。

其设置方法如下：选中要设置其动画"速度"的对象，单击任务窗格"自定义动画"的常用参数设置区的第三行"速度"栏右侧向下箭头，在弹出的下拉列表框中根据需要选择"非常慢"、"慢速"、"中速"、"快速"或"非常快"。

② 基本的"自定义动画"参数的细微设置。

双击要设置其动画参数的"对象"对应的"动画项"，即弹出相应动画的参数设置对话框，其中至少包含参数选项卡"效果"和参数选项卡"计时"，对于文本类对象，还包括参数选项卡"正文文本动画"。

● 参数选项卡"效果"及其参数设置。典型的参数选项卡"效果"分为上、下两部分，上部"设置"栏用于设置动画"方向"、是否"平稳开始"和"平稳结束"等，具体参数随"动画效果"的不同而略有差别；下部"增强"栏用于设置"声音效果"，动画播放后对对象的处理、动画文本的整批(或按字词、字母)发送等。

- 参数选项卡"计时"及其参数设置。典型的参数选项卡"计时"包括下列参数项的设置：

下拉列表框"开始"：可根据需要选择"单击开始"、"之前(与上一个动画同时开始)"或"之后(在上一个动画之后开始)"；

下拉列表框"延迟"：可根据需要单击选数按钮或人工输入设置动画延迟播放的秒数(可精确到 0.1 秒)；

下拉列表框"速度"：既可根据需要选择设置"非常慢(5 秒)"、"慢速(3 秒)"、"中速(2 秒)"、"快速(1 秒)"或"非常快(0.5 秒)"，也可人工输入(可精确到 0.01 秒)；

下拉列表框"重复"：可根据需要选择设置动画重复次数，或到下一次单击、或重复到该幻灯片停止播放为止；

复选框"播完后快退"：可根据需要选择；

"触发器"设置：可根据需要选择触发动画的对象。

- "正文文本动画"及其设置：此设置只在对文本类对象设置动画时才出现。

2) 基于"自定义动画"的多媒体及其控制的基本知识

(1) 幻灯片"换片方式"的控制。

幻灯片有两种"换片方式"：人工控制"单击鼠标时"和自动控制"每隔'mm:ss'"。

在编制"自定义动画"的实际应用时，为实现系列幻灯片的自动顺序播放，还需要设置幻灯片的"自动换片控制"。一般在任务窗格"幻灯片切换"中设置，具体如图 1-10 所示。

图 1-10　"幻灯片切换"对话框

各参数功能如下所述。

① "应用于所选幻灯片"：用于切换动画；

② "修改切换效果"：可修改速度、声音；

③ "换片方式"：可选择单击鼠标时或每隔"mm:ss"。

(2) 基于"自定义动画"的多媒体基本知识。

① 在幻灯片中插入"文件中的声音"或"文件中的影片"。

通过选择菜单命令"插入"→"影片和声音"→"文件中的声音/文件中的影片"，在弹出的对话框"插入声音/插入影片"中选择需要的音频(或视频)文件，单击按钮"确定"，将声音(或影片)插入幻灯片；插入的"声音"显示为图标"🔊"，同时弹出如图 1-11 所示对话框，通过选择"自动"或"在单击时"按钮，可以决定播放声音(或影片)的时间。

图 1-11　对话框

● "自动"：打开幻灯片后立即自动开始播放声音(或影片)，其中"声音"可在任务窗格"自定义动画"的常用参数设置区(默认为"开始：之后")和动画项栏"控制操作：播放"修改。

● "在单击时"：打开幻灯片后需要用户单击声音(或影片)对象才能开始播放声音(或影片)，其中"声音"也可在常用参数设置区(默认为"开始：单击时")和动画项栏"触发器：多媒体自身；控制操作：播放"修改。请读者查看插入"声音"和"影片"的异同。

注意：系统根据用户在插入"音频"或"视频"时，单击不同命令按钮自动完成的上述参数设置，经常不能完全满足用户的需求；因此，通常可在插入"文件中的声音(或影片)"后，删除系统自动完成的"动画"设置(但保留声音图标或影片播放器)，而根据需要重新添加需要的多媒体操作(播放、暂停或停止)，并进行相应的参数设置。

② 基于"动画"的"声音(音频)"与"影片(视频)"适用格式。

● 基于"动画"的"声音(音频)"适用格式如下：

.aif、.aifc、*.aiff、*.au、*.snd

　　.mp3、.m3u

　　.mid、.midi

　　.rmi、.wav

　　.wax、.wma

● 基于"动画"的"影片(视频)"适用格式如下：

.asf、.asx

　　*.avi

　　.mlv、.mpeg、*.mpg

　　.mpa、.mpe、*.mpv2、*.wpl

　　.wm、.wmv、*.wmx

③ 基于"动画"的"声音(音频)"与"影片(视频)"文件的"引用"或"嵌入"。

• 基于"动画"的"声音(音频)"文件的"引用"或"嵌入"：执行菜单命令"插入"→"影片和声音"→"文件中的声音"，后选择音频文件时将根据音频文件的格式与大小自动设置成"引用"或"嵌入"。

注意：只有文件长度≤100 KB(最大可调到 50 000 KB)的 wav 音频文件可被"嵌入"。

调整方法：执行菜单命令"工具"→"选项"，在"选项"对话框的"常规"选项卡中，调整"链接声音文件不小于 100 KB"栏中的数字。

• 基于"动画"的"影片(视频)"文件的"引用"：执行菜单命令"插入"→"影片和声音"→"文件中的影片"，后选择视频文件时自动设置为"引用"。

④ 基于"动画"的音频与视频对象的显示形式。

如上所述，基于"动画"的音频对象的"默认显示形式"为"图标"，基于"动画"的视频对象的"默认显示形式"为"媒体播放器"。用户可以根据需要"隐藏"音频或视频对象，也可以"全屏显示"视频对象。

• 基于"动画"的音频图标"在幻灯片放映时"的"隐藏"有如下两种方法：

方法一：右击"动画"音频，在快捷菜单中选择命令"编辑声音对象"，在对话框"声音选项"中设置。

方法二：在任务窗格"自定义动画"中单击"动画音频项"右侧向下箭头，选择"效果选项"，再在对话框"播放声音"的参数选项卡"声音设置"中设置。

• 基于"动画"的视频播放器"在不播放视频时"的"隐藏"有如下两种方法：

方法一：右击"动画"视频，在快捷菜单中选择命令"编辑影片对象"，在对话框"影片选项"中设置。

方法二：在任务窗格"自定义动画"中单击"动画视频项"右侧向下箭头，选择"效果选项"，再在对话框"播放影片"的参数选项卡"电影设置"中设置。

• 基于"动画"的视频"全屏显示"有如下两种方法：

方法一：右击"动画"视频，在快捷菜单中选择命令"编辑影片对象"，在对话框"影片选项"中设置。

方法二：在任务窗格"自定义动画"中单击"动画视频项"右侧向下箭头，选择"效果选项"，再在对话框"播放影片"的参数选项卡"电影设置"中设置。

⑤ 基于"自定义动画"的多媒体控制操作及其设置。

• 基于"自定义动画"的多媒体操作：PowerPoint 把插入幻灯片中的"声音(音频)"或"影片(视频)"文件的播放归于"自定义动画"，从而扩展了"自定义动画"使之包括下列两类多媒体操作："声音操作"和"影片操作"。

• 基于"自定义动画"的多媒体控制操作：基于"自定义动画"的"声音(音频)"和"影片(视频)"操作均包括三种控制操作：播放(▷)，暂停(❚❚)，停止(■)。

• 基于"自定义动画"的多媒体控制操作设置：用户在幻灯片中插入"文件中的声音或影片"，并删除相应的动画设置后，可以用鼠标选中声音(或影片)对象，根据需要依次选择下列命令：

添加效果／声音操作／播放｜暂停｜停止；

添加效果／影片操作／播放｜暂停｜停止。

⑥ 基于"自定义动画"的多媒体控制参数设置。

· "常用参数"设置区及其参数设置：常用的参数为"开始：单击时、之前、之后"。

· 基于"自定义动画"的多媒体控制参数的细微设置：

➤ "播放声音"的"效果"选项卡如图 1-12 所示，分为上、中、下三部分。

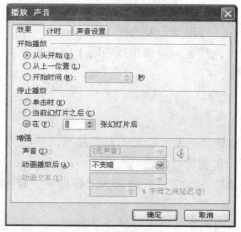

图 1-12　参数选项卡(效果)

上部"开始播放"栏用于设置动画开始播放位置："从头开始"，"从上一位置"(指上次播放位置)，"开始时间"(指固定的开始位置)。

中部"停止播放"栏用于设置动画如何或在哪张幻灯片播放完毕后停止播放："单击时"，"当前幻灯片之后"，"在 n 张幻灯片之后"(可指定幻灯片序号)。

下部"增强"栏与基本的"自定义动画"参数基本相同，用于设置"声音"效果，"动画播放后"对"对象"的处理等，只是"动画文本"的整批(或按字词、字母)发送因不再需要而被虚化处理。

➤ "播放声音"的"计时"选项卡如图 1-13 所示，与基本的"自定义动画"相应"参数选项卡"类似，包括以下参数：

图 1-13　参数选项卡(计时)

下拉列表框"开始"：可根据需要选择"单击开始"、"从上一项开始"或"从上一项之后开始"。

下拉列表框"延迟"：可根据需要单击选数按钮或人工输入设置多媒体延迟播放的秒数(可精确到 0.1 秒)。

下拉列表框"速度"：被虚化无效。

下拉列表框"重复"：可根据需要选择设置多媒体重复播放次数，或"直到下一次单击"或"直到幻灯片末尾"。

复选框"播完后快退"：可根据需要选择。

按钮"触发器"：单击此按钮可以弹出或消隐下面的两个单选钮，并根据需要选择触发动画的对象。

4. 任务实施

1) 任务要求

(1) 在母版中将"石榴娃娃"图片设置为路径动画，路径为"从幻灯片左侧沿曲线进入"，速度为"快速"，开始设置为"之前"。

(2) 设计第一张幻灯片中艺术字进入动画为"伸展"、速度为"快速"、方向为"跨越"、"单击鼠标进入"。

(3) 将幻灯片中插入的四张图片进入动画分别设置为"鼠标单击时"、"快速以翻转式由远及近"、"螺旋飞入"、"展开"、"扇形展开进入"。

(4) 插入第二张幻灯片，设计艺术字"绿色引领时尚，西安世园会欢迎你"，艺术字样式为第一行、第一列，形状为波形 1，颜色为绿色，无线条颜色，字体为宋体、60 磅。添加该艺术字的进入动画为"缓慢进入"、"单击时开始"、方向为"自顶部"、速度为"中速"。

(5) 如图 1-8 所示，将图片入场设计为画轴打开动画。画轴设计要求采用自选图形，颜色设置"红木"预设填充效果，无线条颜色；画轴打开动画效果为随着画轴向两侧展开，画幅打开。

(6) 将演示文稿另存为"任务 2 世园会介绍.ppt"。

2) 任务实施步骤

将任务 1 中完成的"任务 1 世园会介绍"演示文稿打开，按照如下步骤操作。

(1) 设置母版中石榴娃娃的路径动画。

① 选择菜单"视图"→"母版"→"幻灯片母版"命令，进入幻灯片母版视图。

② 选择菜单"幻灯片放映"→"自定义动画"命令，打开"自定义动画"任务窗格。

③ 选择"石榴娃娃"图片，点击"自定义动画"任务窗格中的"添加效果"按钮，选择"动作路径"→"绘制自定义动画"→"曲线"，具体如图 1-14 所示；绘制一条从画面外进入画面的曲线，并按图 1-15 设定"开始"、"速度"等参数，设置完成后关闭母版视图。这样在母版中设

图 1-14　曲线路径设置

置动画，就相当于在所有的幻灯片中设置了相同的动画。

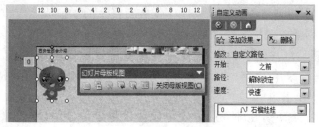

图 1-15　自定义动画参数设置

(2) 设置艺术字的入场动画。

① 点击"幻灯片放映"→"自定义动画",打开"自定义动画"任务窗格。

② 选中幻灯片上的"西安世园会介绍"艺术字,点击右侧"自定义动画"任务窗格上的"添加效果",选择"进入"效果对话框中的"其他效果",打开对话框,选择"伸展"效果,速度选"快速",开始选"单击时",主要设置如图 1-16 所示。

图 1-16　艺术字的入场动画设置

(3) 设置图片的进入动画。

① 选中幻灯片中"天女散花"图片,点击"自定义动画"任务窗格中的"添加效果",选择"进入",选择"翻转式由远及近",并设置速度为"快速",开始为"单击时"。如果在"进入"菜单中没有需要的动画效果,需要在"其他效果"中查找。

② 按照以上做法,分别设置"长安塔"、"绿色之手"、"广运门"三张图片的进入动画效果为"螺旋飞入"、"展开"、"扇形展开",速度均选"快速",开始为"单击时"。设置完成效果如图 1-17 所示。

图 1-17　图片进入动画设置

③ 设置好后，可以通过"自定义动画"任务窗格下的"播放"按钮，预览本张幻灯片播放效果，然后根据播放效果调整播放速度及进入效果。

(4) 插入第二张幻灯片，添加艺术字。

① 点击"插入"菜单，选择"新幻灯片"，在左边大纲幻灯片窗格中就会出现有母版效果的第二张幻灯片。

② 插入艺术字"绿色引领时尚，西安世园会欢迎你"，并根据要求设置格式和进入动画效果。

(5) 设计画轴打开动画。

① 在第二张幻灯片中插入素材中的"草地"图片，使用自选图形中的椭圆和矩形绘出一个画轴，并组合在一起，图形的填充效果选择预设颜色中的"红木"，图形中设置无线条颜色。将设计好的画轴复制一个作为画轴的另一边，将两个画轴放在画面中间，效果如图 1-18 所示。

图 1-18　画轴

② 选择左边画轴，选择"自定义动画"打开"自定义动画"窗格，点击"添加效果"，选择"动作路径"→"向左"，"开始"选为"之前"，"速度"选为"非常慢"，修改路径长度，延伸到下方图片的左边缘。右边的画轴也设计为此动画效果，但路径设为"向右"，然后将两个画轴动画效果中的"平稳开始"和"平稳结束"取消选择。设计内容如图 1-19 所示。

③ 将要展开的图片利用自定义动画设计为入场为"劈裂"、"开始"为"之前"、"方向"为"中央向左右展开"、"速度"为"非常慢"（和两边画轴速度匹配），设计完成效果如图 1-19 所示。

图 1-19　画轴动画的设计

(6) 将演示文稿另存为"任务 2 世园会介绍.ppt"。

5. 任务测评

按下表所示内容进行本任务测评。

序号	测 评 内 容	测 评 结 果	备 注
1	是否掌握 PPT 的基本操作	好、中、及格	
2	是否能熟练编辑幻灯片母版	好、中、及格	
3	能否正确插入和编辑艺术字	好、中、及格	

1.2.4　任务 3　世园会宣传演示文稿的综合设计

1. 任务描述

在任务 1 和任务 2 的基础上，添加素材中 PPT，按照要求进行综合设计，设计效果如图 1-20 所示。

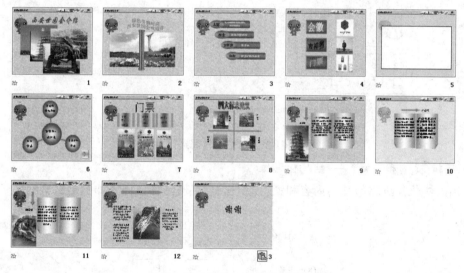

图 1-20　任务 3 中全部幻灯片

2. 教学组织

首先展示项目案例，然后说明制作思路等，接着讲授 PPT 案例中的核心技术。在讲授核心技术的时候，可以采用对比教学法吸引学生参与课堂活动，具体可分为如下步骤。

1) 案例演示(15 分钟)

采用课堂设问和提问教学法，引导学员在案例演示过程中进行思考，以加深其对案例的了解。

2) 核心技术学习(40 分钟)

可采用对比教学法进行教学，同时，每一部分教学配合验证案例，主要内容包括：PPT 制作思路和 PPT 的基本技术。

3) 典型示例解析(40 分钟)

建议采用任务分解法和课堂陷阱教学法解读典型示例。注意使用课堂设问和提问。

4) 任务实施(60分钟)

采用任务驱动教学法进行现场练习。

5) 自我评价、总结和作业布置(20分钟)

学员对现场完成的案例进行自我评价,教师进行总结,重点对一些共性的错误进行分析,并布置课后作业。

3. 关键知识点

1) PPT制作思路

PPT制作思路如图1-21所示。

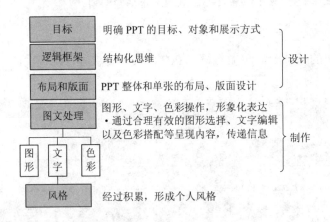

图1-21　PPT制作思路

2) 逻辑(提纲和内容)——结构化思维

运用结构化思维将散乱的内容和素材整理成金字塔结构,样式如图1-22所示。

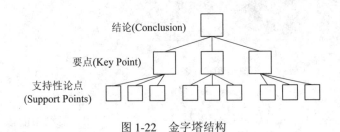

图1-22　金字塔结构

3) 布局和版面

布局和版面是指PPT整体及单张的构图和设计,主要手段包括素材的归类、分层,即结构化,以及版面构图设计。其目的是清晰地展示逻辑,让PPT更美观和吸引,更容易把握重点,便于理解和记忆。

(1) PPT整体布局。

PPT整体布局要求有:

① 标题页、正文、结束页三部分结构清晰。

② 通过每个章节之间插入标题幻灯片来强化结构。

③ PPT完成后,切换到"浏览视图",看看整体是否协调统一。

④ 单一主题的 PPT 最好不超过 30 页。

(2) 单张 PPT 布局。

单张 PPT 布局尽量使文字内容结构化，可以采用以下手段：

① 使用各类图形，例如图 1-23 所示的图形。

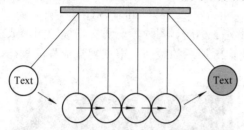

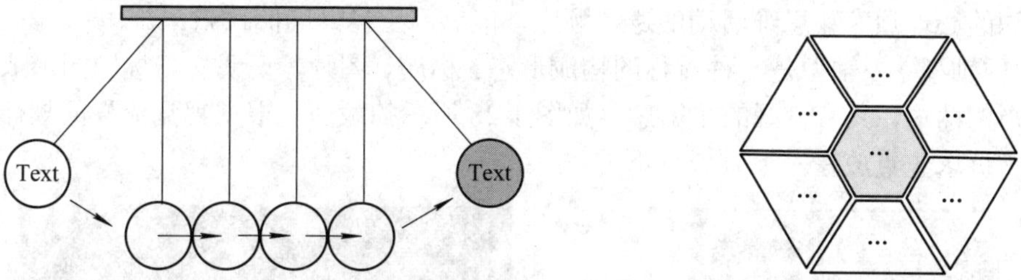

图 1-23　图形使用举例

② 将文字分段，标注重点，例如图 1-24 所示的方式。

③ 使用表格，例如图 1-25 所示的形式。

基于以下主要原因设立了客户服务中心
　中国建筑行业的整体实体质量较低
　客户的成权意识不断提高，客户投诉量日益增加
随着住宅质量的提高，公司赋予客服服务部门更多的使命，更名为客户关系中心
　投诉处理的负责部门
　解决投诉问题的基础上，开展客户关系管理
推动忠诚度管理，倡导客户导向文化
　缺陷反馈、汗青计划
　满意调查、忠诚度管理

	国有企业	外资企业
展览会	80%	100%
行业定货会	70%	30%
行业杂志	40%	100%
行业内交流	50%	30%
赞助行业活动	10%	30%
大众媒体	5%	3%

图 1-24　文字分段举例　　　　　　　图 1-25　表格使用举例

④ 使用树状图，例如图 1-26 所示的样式。

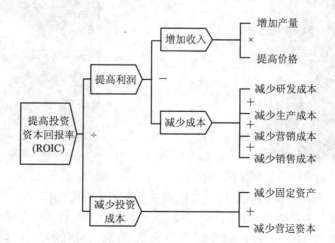

图 1-26　树状图使用举例

(3) 常见的 PPT 版面布局。

常见的 PPT 版面布局有如下几类：

① 标准型。标准型是最常见的简单而规则的版面编排类型，一般从上到下的排列顺序为：图片/图表、标题、说明文字、标志图形，如图 1-27 所示的版面。自上而下的设计符合人们认识的心理顺序和思维活动的逻辑顺序，能够产生良好的阅读效果。

② 中轴型。中轴型是一种对称的构成形态。标题、图片、说明文与标题图形放在轴心线或图形的两边，具有良好的平衡感，如图 1-28 所示的版面。根据视觉流程的规律，在设计时要把诉求重点放在左上方或右下方。

图 1-27　标准型版面　　　　　　　　　　图 1-28　中轴型版面

③ 左置型。这也是一种非常常见的版面编排类型，它往往将纵长型图片放在版面的左侧，使之与横向排列的文字形成有力对比，如图 1-29 所示版面。这种版面编排十分符合人们的视线流动顺序。

④ 斜置型。斜置型构图时全部构成要素向右边或左边作适当的倾斜，使视线上下流动、画面产生动感，如图 1-30 所示版面。

图 1-29　左置型版面　　　　　　　　　　图 1-30　斜置型版面

⑤ 圆图型。圆图型在安排版面时，以正圆或半圆构成版面的中心，在此基础上按照标准型顺序安排标题、说明文和标志图形，在视觉上非常引人注目，如图 1-31 所示版面。

⑥ 棋盘型。棋盘型在安排版面时，将版面全部或部分分割成若干等量的方块形态，相互间明显区别，作棋盘式设计，如图 1-32 所示版面。

图 1-31　圆图型版面

图 1-32　棋盘型版面

⑦ 文字型。在这种编排中，文字是版面的主体，图片仅仅是点缀。设计时一定要加强文字本身的感染力，同时字体便于阅读，并使用适当的图形起到锦上添花、画龙点睛的作用，如图 1-33 所示版面。

图 1-33　文字型版面

4) 图文处理

图文处理的三要素包括：图形、文字和配色。在设计时要注意版面的编排，如将图 1-34 中(a)的形式变换为(b)的形式。

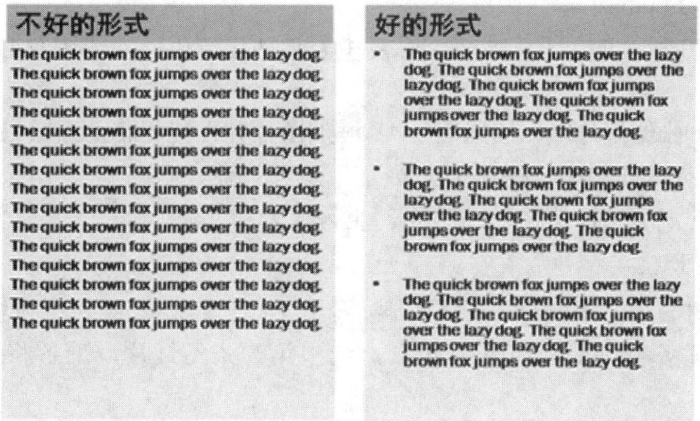

(a)　　　　　　　　　　(b)

图 1-34　图文处理举例

(1) 图形运用的种类。

图形运用的种类包括以下几种：

① 图示。图示让文字便于理解。

② 图表。图表的表达更直观。

③ 图片。图片可以增强视觉冲击力、增强文字或图示说服力。

(2) 文本编辑。

文本编辑推荐使用宋体、黑体字、华文细黑、微软雅黑等字体。文字大小一般为 14～20 号字体，推荐使用 16～18 号。内容比较少的篇章可以采用小字号、大行距。

(3) 配色。

配色时注意以下几点：

① 整个 PPT(包括图表)的设计最好不要超过 4 种颜色，如果要超过，则尽量选用同一色系的颜色。

② PPT 内几种颜色要协调，可选用同一色系的颜色。

③ 前景与背景要用对比色。

④ 主题内容如果选择不同颜色，应该用相似色。

⑤ 同一画面中大块配色不超过 3 种。

⑥ 注意用色时电脑显示与投影仪显示的差异。

4. 任务实施

1) 任务要求

(1) 在任务 2 基础上，插入素材演示文稿中的全部幻灯片。

(2) 将全部幻灯片的切换方式设置为"盒状展开"，速度为"慢速"，鼠标点击换片。

(3) 在第二张幻灯片后插入新幻灯片，在其中添加内容如图 1-20 中第三张图所示的超链接，分别链接到相关的幻灯片中。

(4) 在图 1-20 所示的第五张幻灯片中添加组织结构图，内容如图 1-39 所示。结构图中的图形填充效果为紫色和白色的双色填充颜色，并将"底纹样式"设置为"中心辐射"。文字格式为华文行楷、黑色，第一行图形中文字大小为 56 磅，第二行的三个图形中的文字大小为 20 磅、行距 0.5 行。

(5) 在图 1-20 所示的第五、六张幻灯片中添加动作按钮，分别转向上一张和第一张幻灯片。

(6) 在最后一张幻灯片中，按照图 1-41 添加图片并设置闭幕动画效果，闭幕动画效果为幕布"由两侧向中间合拢"，并设置"鼓掌"声音效果。

(7) 将完成的演示文稿保存为"任务 3 世园会介绍.ppt"。

2) 任务实施步骤

(1) 添加素材演示文稿中幻灯片，步骤如下：

① 打开"任务 2 世园会介绍.ppt"，选中第二张幻灯片，准备将素材中的幻灯片插入。

② 选择"插入"→"幻灯片(从文件)"菜单命令，打开"幻灯片搜索器"对话框，点击"浏览"按钮，在"浏览"对话框中选择"任务 3 素材幻灯片.ppt"，在"幻灯片搜索

器"对话框中就会显示将插入的幻灯片内容，如图 1-35 所示，点击"全部插入"按钮，将全部幻灯片插入到"任务 2 世园会介绍.ppt"之后。

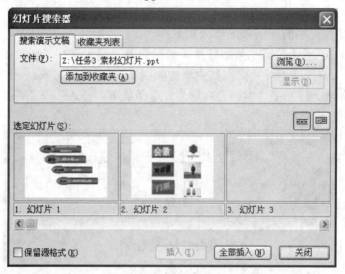

图 1-35　"幻灯片搜索器"对话框

③ 将演示文稿另存为"任务 3 世园会介绍.ppt"，演示文稿中的全部幻灯片如图 1-20 所示。

(2) 设置幻灯片切换方式，步骤如下：

① 选择菜单"幻灯片放映"→"幻灯片切换"命令，显示如图 1-36 所示的"幻灯片切换"任务窗格。

图 1-36　"幻灯片切换"任务窗格

② 在"应用于所选幻灯片"下拉列表中，选择"盒状展开"；在"修改切换效果"区域中，选择"速度"为"慢速"；"换片方式"区域内，选择"单击鼠标时"复选框；并点击"应用于所有幻灯片"按钮，向演示文稿中所有幻灯片添加相同的切换效果。

设置切换效果既可以在幻灯片视图中进行，也可以在幻灯片浏览视图中进行，但是在幻灯片浏览视图中操作更方便，可以利用"幻灯片浏览"工具栏，直接在该视图中设置并预览切换的效果。

　　(3) 设置幻灯片文字的超链接，步骤如下：

　　① 选择图 1-20 所示的第二张幻灯片，选择菜单"插入"→"新幻灯片"命令，在第二张幻灯片后插入一张新幻灯片，在其中添加如图 1-37 所示的文本。

　　② 选中文本第一行文字"世园会主题"，选择菜单"插入"→"超级链接"命令，打开"编辑超级链接"对话框。

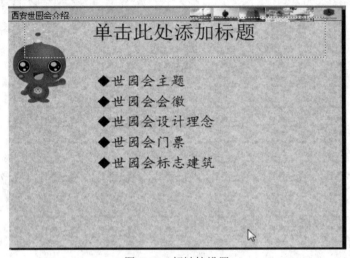

图 1-37　超链接设置

　　③ 在"编辑超链接"对话框中，点击"本文档中的位置"，在"请选择文档中的位置"中出现本演示文稿的幻灯片目录结构，选中要链接的幻灯片 4，效果如图 1-38 所示，点击"确定"退出。

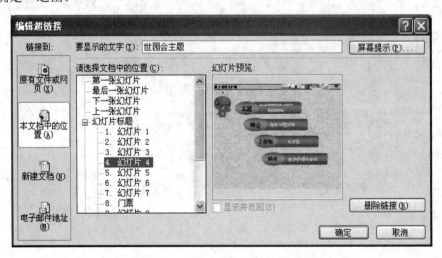

图 1-38　"插入超级链接"对话框

　　④ 按照同样的方法，依次将文本中其他四行文本分别链接到演示文稿中的第五、七、八、九张幻灯片。设置完成后，幻灯片中的超链接颜色改变，并且添加了下划线。

（4）添加组织结构图，步骤如下：

① 选中图 1-20 所示的第五张幻灯片，打开"幻灯片版式"任务窗格，选择"标题和图示或组织结构图"版式。按照幻灯片中显示的提示，双击"　　"，打开"图示库"对话框，添加"组织结构图"。并按照图 1-39 所示样式，向组织结构图中添加文字。

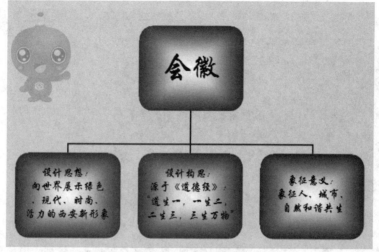

图 1-39　组织结构图样式

② 按照任务要求设置组织结构图中自选图形的填充效果(与 Word 中设置自选图形填充方法相同)，并设置文字的格式和行间距。设置完成后样式如图 1-39 所示。

（5）在幻灯片中添加动作按钮。设置动作按钮步骤如下：

① 选中图 1-20 所示的第五张幻灯片，选择菜单"幻灯片放映"→"动作按钮"，选中"后退或前一项"动作按钮，在幻灯片中绘制按钮，并在打开的"动作设置"对话框中选中"超链接到"单选按钮，选中下拉列表中的"上一张幻灯片"，效果如图 1-40 所示。这样设置后，点击该按钮会转向到上一张幻灯片。

图 1-40　"动作设置"对话框

② 选中图 1-20 所示的第六张幻灯片，添加"第一张"动作按钮。在打开的"动作设置"对话框中选中"超链接到"单选按钮，选中下拉列表中的"第一张幻灯片"。这样设

置后，点击该按钮会转向到第一张幻灯片。

（6）设计闭幕动画效果，步骤如下：

① 参照图 1-41，在最后一张幻灯片中插入素材中的"舞台.png"、"幕布左.png"、"幕布右.png"图片。

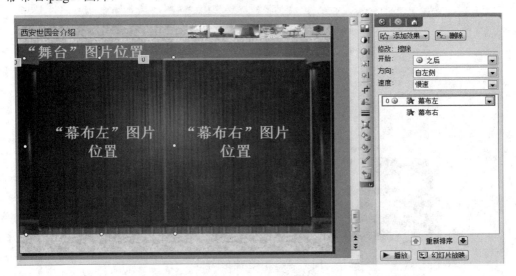

图 1-41　闭幕动画设计

② 选中"幕布左"图片，添加"擦除"进入效果，开始为"之后"，方向为"自左侧"，"慢速"；"幕布右"图片，也添加"擦除"进入效果，开始为"之前"，方向为"自右侧"，"慢速"，并添加"效果选项"中的"鼓掌"声音。

（7）将完成的演示文稿另存为"任务 3 世园会介绍.ppt"。

5. 任务测评

按下表所示内容进行任务测评。

序号	测 评 内 容	测 评 结 果	备 注
1	设计是否简单而生动	好、中、及格	
2	图、表、字的应用是否合适	好、中、及格	
3	色彩、文字布局是否协调	好、中、及格	
4	风格基调是否统一	好、中、及格	

6. 课后练习

自己搜集素材，设计"我的学校"宣传课件，要求使用母版设计、艺术字、自定义动画。

1.3　项目 2——PPT 课件复杂动画的制作

1.3.1　项目介绍

本项目的具体内容见下表。

项目描述	本项目通过让学员使用 PPT 制作一些动画特效，使其了解 PPT 的高级应用，并掌握使用 PPT 制作特效动画的相关技巧和要领	
项目内容	任务 1　触发器和仿 Flash 相关特效制作	120 分钟
	任务 2　"月是故乡明"动画作品设计	120 分钟

1.3.2　任务 1　触发器的使用和仿 Flash 特效的制作

1. 任务描述

(1) 使用 PowerPoint 中的触发器技术设计书页翻页的动画，显示效果如图 1-42 所示。

图 1-42　翻页效果

(2) 使用触发器技术设计下拉菜单动画，最终效果如图 1-43 所示。

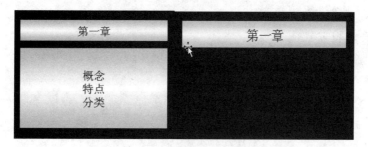

图 1-43　使用触发器技术设计效果

(3) 使用 PPT 层的相关技术，设计类似 Flash 遮罩动画的效果，设计效果如图 1-44 所示。

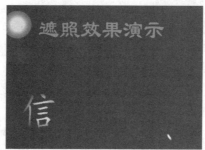

图 1-44　使用 PPT 层技术设计效果

(4) 使用 PPT 的自定义动画，设计连续滚动图片动画，设计效果如图 1-45 所示。

图 1-45　连续滚动图片动画设计效果

2. 教学组织

首先展示最终设计效果，然后说明制作思路并讲授特效中的核心技术。在讲授核心技术的时候，可以采用对比教学法吸引学生参与课堂活动，具体可以分解为如下步骤。

1) 案例演示(10 分钟)

采用课堂设问和提问教学法，引导学员在案例演示过程中进行思考，以加深其对案例的了解。

2) 核心技术学习(50 分钟)

可采用对比教学法进行教学，同时，每一部分教学配合验证案例，主要内容包括 PPT 特效展示和 PPT 特效制作基本技术。

3) 现场练习(50 分钟)

采用任务驱动教学法和现场制作教学法进行现场练习。

4) 自我评价、总结和作业布置(10 分钟)

学员对现场完成的案例进行自我评价，教师进行总结，重点对一些共性的错误进行分析，并布置课后作业。

3. 任务实施

1) 翻页效果制作步骤

(1) 新建一个空白的 PowerPoint 文档，并对文档尺寸进行设置。

(2) 制作两个页面。

步骤 1：点击"自选图形"右边的小三角，选择"基本图形"下的"折角形"图形，在 PowerPoint 中画出一个书页样的图形，宽度最好小于文档的一半。

步骤 2：按住键盘上的 Ctrl 键，拉(复制粘贴)出一个相同的图形，并排摆放于第一个图形的左面，然后点击"绘图"右边的小三角，选择"旋转或翻转"→"水平翻转"。

步骤 3：选中右面的图形，右键选择"添加文本"，在图形中输入"第一页"(便于区别不同的页面)，用同样的方法，在左面的图形上写上"第二页"。

(3) 添加自定义动画。

步骤 1：选中右边的图形，添加自定义动画。选择菜单命令"幻灯片放映"→"自定义动画"，在弹出的"自定义动画"面板中的"添加效果"中，选择"退出"→"层叠"效果，方向选择"到左侧"，然后点开"折角形 1"右面的小三角，选择"计时"→"触发器"→"单击下列对象时启动效果"→"折角形 1"，此时图形右上角出现一个手形。

步骤 2：选中左面的图形，添加自定义动画。在"添加效果"中选择"进入"→"伸展"，"开始"选择"之后"，"方向"选择"到右侧"，点开"折角形 2"右面的小三角，选择"计时"→"触发器"→"单击下列对象时启动效果"→"折角形 1"。

此时可放映幻灯片，测试一下是否有翻书的效果。

(4) 制作多页翻书效果。

步骤 1：同时选中第一页和第二页进行复制，将复制得到的第一页改为第三页，第二页改为第四页(也可以为不同的页面填充不同颜色或图片以示区别)。用同样的方法，复制出第五页和第六页、第七页和第八页……注意单页在右面、双页在左面。

步骤 2：排放页面顺序为：右面单页从上到下按 1、3、5、7、9……的顺序排放，左面双页页面从下到上按 2、4、6、8……的顺序排放。

利用"绘图"里的"对齐和分布"功能，分别将左、右两面的页面对齐。

2) 下拉菜单制作步骤

(1) 新建一个空白的 PowerPoint 文档。

(2) 下拉菜单外观制作。

步骤 1：点击"自选图形"的矩形，用绘图工具绘制一个矩形，然后在该矩形上点击右键，选择"添加文本"，输入"目录"。

步骤 2：在刚才的矩形 1 下方，再绘制一个矩形 2，这个就是子菜单，你可以在里面放置几个文本链接。

步骤 3：选中"矩形 2"，选择"自定义动画"，选择"添加效果"→"进入"→"渐变"效果。

(3) 特效制作。

步骤 1：双击"自定义动画"面板中效果栏里面刚才添加的效果，出现对话框，选择"计时"选项卡。

步骤 2：点击"触发器"按钮，选择"单击下列对象时启动效果"，在下拉框中选择"矩形 1"。

步骤 3：使用同样的方法，给"矩形 2"再添加一个"退出"→"消失"效果，并设置"触发器"为"矩形 1"。

(4) 效果制作完成，预览文件。用鼠标点击"矩形 1"，子菜单弹出，再点击，子菜单消失，依此反复。

提示：如果需要多个这样的菜单，只需要选中两个矩形，复制、粘贴，修改文字内容就可以了。

3) 遮罩动画的效果设计步骤

(1) 新建一个空白的 PowerPoint 文档，并对文档尺寸进行设置。

(2) 遮罩效果制作。

步骤 1：插入一个文本框，输入文字。

步骤 2：将文字部分设置为黑底白字，并将其另存为 gif 格式的图片。

步骤 3：将文本框剪切掉，插入刚才保存的图片，使用图片工具栏中的"设置透明色"将图片文字部分设置为"透明"。

步骤 4：设置幻灯片背景为黑色，加入一个黄色圆形，设置颜色为过渡色。

步骤 5：设置该圆形在原图片下层，设置圆形的动画效果为橄榄球形，尽可能将其压扁，该动画完成。

4) 连续滚动图片动画制作

设计时注意以下几点：

(1) 将两个和 PPT 等宽的图片组合。

(2) 利用"自定义路径"，方向自右向左。

(3) 在"效果"中设置重复 100 次。

(4) 去掉"效果"中的"平稳开始"和"平稳结束"。

(5) 将"播完快退"选中，否则会有停顿。

4. 任务测评

按下表所示内容进行任务测评。

序号	测 评 内 容	测 评 结 果	备　注
1	是否正确使用自定义动画	好、中、及格	
2	是否正确使用触发器	好、中、及格	
3	是否在课件中应用特效	好、中、及格	

1.3.3　任务2　"月是故乡明"动画作品设计

1. 任务描述

通过项目 1 和项目 2 的任务 1 学习，学员已经掌握了 PPT 的一般应用，并掌握了使用 PPT 制作动画的相关技巧和要领。本任务综合使用 PPT 的动画技巧，设计"月是故乡明"动画作品，设计效果如图 1-46 所示。

图 1-46　"月是故乡明"设计效果

2. 教学组织

首先展示最终效果，然后说明制作思路并讲授特效中的核心技术。在讲授核心技术的时候，可以采用对比教学吸引学生参与课堂活动，具体可以分解为如下步骤。

1) 案例演示(10 分钟)

采用课堂设问和提问教学法，引导学员在案例演示过程中进行思考，以加深其对案例的了解。

2) 核心技术学习(50 分钟)

可采用对比教学进行教学，同时，每一部分教学配合验证案例，主要内容包括 PPT 特效展示和 PPT 特效制作基本技术。

3) 现场练习(50 分钟)

采用任务驱动教学法和现场制作教学法进行现场练习。

4) 自我评价、总结和作业布置(10 分钟)

学员对现场完成的案例进行自我评价，教师进行总结，重点对一些共性的错误进行分析，并布置课后作业。

3. 任务实施

1) 任务要求

(1) 新建演示文稿，应用"天坛月色"模板。在第一页添加标题"任务 4 幻灯片的动画技巧"，副标题"月是故乡明"，添加第二张幻灯片，并在第二张幻灯片中进行(2)～(6)设计。

(2) 设计画幅和一对画轴，效果如图 1-49 所示。

(3) 设计画轴打开动画，画轴随着画面打开会逐渐变细。

(4) 插入"渔舟唱晚"古筝曲，伴随画轴打开循环播放该古筝曲。

(5) 设计自定义动画，画轴打开后，一轮明月从画面左上角水平向右移动，右侧动态显示"露从今夜白，月是故乡明"诗句。

(6) 设计自定义动画，在画轴下方显示多只萤火虫飞舞，在画轴的右上方显示繁星闪烁的效果。

本任务比较复杂，在任务描述中只是简单地描述了动画效果，具体的设置参数要求，请参考任务实施中的具体设置。

2) 任务实施步骤

(1) 新建演示文稿，按照要求设置模板，添加标题和副标题。

新建演示文稿，保存为"任务 4.ppt"，应用"天坛月色"模板，在首页的标题输入"任务 4 幻灯片的动画技巧"，副标题输入"月是故乡明"。添加一张新幻灯片，应用"空白模板"，准备设计 PPT 动画。

(2) 设计画幅和画轴，并设计画轴打开动画特效。

① 设计画幅的衬纸。向幻灯片中添加一个矩形自选图形，选中该图形，选择菜单"格式"→"自选图形"命令，打开"设置自选图形格式"对话框，设置该图形格式如下：

- 大小：高 11 cm，宽 23 cm；
- 线条颜色：无线条颜色；
- 填充颜色：图片填充效果，图片为素材中的"paper.jpg"。

② 将素材中的画幅图片"月夜图.jpg"插入幻灯片，放置于衬纸的中央。将显示衬纸的自选图形和画幅图片同时选中，在快捷菜单中选取"组合"将两个组合起来，方法如图1-47 所示。

　　③ 设计画轴。向幻灯片添加矩形自选图形作为画轴，格式如下：

- 大小：高 11 cm，宽 1.5 cm；
- 线条颜色：无线条颜色；
- 填充颜色：双色渐变填充，颜色 1 为白色，颜色 2 为浅灰色(自选颜色)。具体设置如图 1-48 所示。

图 1-47　将衬纸与画幅组合　　　　　　　图 1-48　画轴的填充效果设置

　　④ 画轴设计完成后，将该画轴复制一个，把两个画轴并排放置在画卷的中央，位置如图 1-49 所示。准备设计画轴打开动画。

图 1-49　画轴设计完成后位置

　　(3) 设计画轴打开动画。

　　画轴的打开动画效果为随着两个画轴向两侧移动，画面展开，同时画轴不断变细。

　　上述动画设计要点如表 1-1 所示。

表 1-1　画幅和画轴动画设置参数

元素	动画	参数	其他效果
画幅	劈裂(进入)	开始：之前 方向：中央向左右展开 速度：慢速	
左面的画轴	向左(动作路径)	开始：之前 方向：向左 速度：慢速	延迟 0.1 秒 取消平稳开始、平稳结束
左面的画轴	放大/缩小(强调)	开始：之前 尺寸：30%，水平 速度：中速	
右面的画轴	向右(动作路径)	开始：之前 方向：向右 速度：慢速	延迟 0.1 秒 取消平稳开始、平稳结束
右面的画轴	放大/缩小(强调)	开始：之前 尺寸：30%，水平 速度：中速	

(4) 添加"渔舟唱晚"古筝曲。

选择菜单"插入"→"影片和声音"→"文件中的声音"命令，选取素材中的"渔舟唱晚.mp3"，选择自动开始播放声音，并设置声音播放开始为"之前"。

在添加的声音图标"🔊"上单击右键，在快捷菜单中选择"编辑声音对象"命令，打开"声音选项"对话框，按照图 1-50 进行设置。画轴打开和声音动画完成设置后界面如图 1-51 所示。

图 1-50　"声音选项"对话框　　　　　　　　图 1-51　画轴打开及声音设计完成

(5) 设置月亮和文字动画。

① 将素材中月亮图片"月亮.png"插入画卷左上方，并设置月亮出现和移动的动画效果，设置参数如表 1-2 所示。

表 1-2　月亮动画设置参数

元素	动　画	参　数		其他效果
月亮	渐变(进入)	开始：之前	速度：慢速	延迟 2 秒
	向右(动作路径)	开始：之前	方向：向右	延迟 4 秒 取消平稳开始、平稳结束
		速度：12 秒		

② 在画卷右侧添加两个竖排文本框，分别输入"露从今夜白"、"月是故乡明"，字体为楷体_GB2312、20 磅，并设置进入动画参数如表 1-3 所示。

表 1-3　文字动画设置参数

元素	动　画	参　数		其他效果
露从今夜白	擦除(进入)	开始：之前 速度：慢速 方向：自顶部		延迟 4 秒
月是故乡明	渐变式回旋(进入)	开始：之前 速度：慢速		延迟 5 秒

添加月亮和文字后，设计效果如图 1-52 所示。

图 1-52　添加月亮和文字后效果

(6) 添加星星和萤火虫。

① 星星：在画幅的右上方添加 6 个十字星自选图形，随机放置在画幅右上方的夜空中。图形格式设置如下：

- 大小：高 0.6 cm，宽 0.4 cm；
- 线条颜色：无线条颜色；
- 填充颜色：浅青绿色，透明度 30%。

第一颗星星的动画效果参数如表 1-4 所示。

表 1-4　星星动画设置参数

元素	动　画	参　数		其他效果
星星	渐变(进入)	开始：之前 速度：中速		延迟 5 秒
	忽明忽暗(强调)	开始：之前 速度：慢速		延迟 5.5 秒 重复：直到幻灯片末尾

其他的每个星星的"渐变"、"忽明忽暗"动画效果中的延迟时间依次增加 0.5 秒，其他动画参数设置相同。

② 萤火虫：向画幅下方添加 6 个椭圆自选图形作为萤火虫，格式如下：

- 大小：高 0.15 cm，宽 0.15 cm；
- 线条颜色：无线条颜色；
- 填充颜色：参考设置如图 1-53 所示。

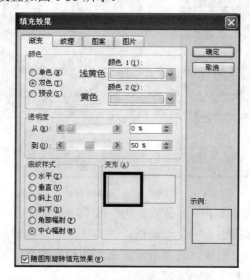

图 1-53　萤火虫填充效果设计

六个萤火虫中，三个在画幅的左边沿，三个在右边沿。左边沿放置的三只萤火虫动画设置如表 1-5 所示。

表 1-5　萤火虫动画设置参数

元素	动　画	参　数		其他效果
萤火虫 1	渐变(进入)	开始：之前 速度：中速		延迟 5 秒
	曲线(自定义动作路径)	开始：之前 速度：12 秒		延迟 6 秒 重复：直到幻灯片末尾
萤火虫 2	动画设置同上，区别为：渐变延迟 6 秒、曲线延迟 7 秒			
萤火虫 3	动画设置同上，区别为：渐变延迟 7 秒、曲线延迟 8 秒			

右边沿放置的三只萤火虫动画设置同表 1-5。

每只萤火虫的曲线路径都是从画幅的一侧边沿以随机曲线的形式移动到画幅的另一侧边沿，设计完成后效果如图 1-54 所示。

图 1-54 "月是故乡明"动画设计完成效果

上述步骤完成后，就完成了"月是故乡明"PPT 动画设计。

在任务实施中，具体描述了各个动画设计的步骤，这些步骤只是为大家演示了如何将各种动画效果组合成为一个整体，大家可以对上述的动画效果、参数进行改进，或者添加更合适的动画效果，使该 PPT 动画更加美观。

4. 任务测评

按照下表所示内容进行任务测评。

序号	测 评 内 容	测 评 结 果	备注
1	动画设计是否美观	好、中、及格	
2	是否能实现全部的动画效果	好、中、及格	
3	是否正确插入声音	好、中、及格	

5. 课后练习

模拟任务 2，自选素材，设计画轴打开和画面的动画效果。

模块 2   Flash 课件制作技术

2.1 教 学 设 计

Flash 是一种集动画创作与应用程序开发于一身的创作软件，为创建数字动画、交互式 Web 站点、桌面应用程序以及手机应用程序开发提供了功能全面的创作和编辑环境。Flash 可以包含简单的动画、视频内容、复杂演示文稿和应用程序以及介于它们之间的任何内容。对于教师而言，Flash 不仅可以方便地制作各类教学演示动画，也可以用来制作课堂测验、课后作业、项目考核等交互性教学内容，本模块计划课时为 18 课时，具体安排如下表所示。

	项 目 名 称	课时分配(学时)
模块内容	项目 1：制作树叶及奔跑的豹子	6
	项目 2：制作闪光五角星及弹跳的球	6
	项目 3：制作音频与视频文件及可移动图片	6
学习目的	(1) 能了解 Flash 动画制作原理； (2) 能基本掌握 Flash 动画制作的基本概念和术语； (3) 能掌握 Flash 动画制作方法； (4) 能使用 Flash 制作简单动画； (5) 能设计 Flash 动画中调用各类媒体文件
教学活动组织	1. 课堂组织 本课程采用理实一体教学，在计算机实训室授课，每堂课主要由以下部分组成： (1) 课程目标和课程案例演示(每个项目案例的开始部分的案例演示)； (2) 课程回顾； (3) 本项目的任务； (4) 知识(技能)讲解； (5) 知识技能小结； (6) 设计任务描述； (7) 现场设计练习； (8) 任务讲解和小结； (9) 总结和布置作业。 2. 授课活动实施的控制关键点 (1) 实施关键点 1：通过生活案例和工程应用引入，说明知识。 实施要求：1～2 个生活案例和工程应用。

	(2) 实施关键点 2：课堂提问。 实施要求：2～5 次提问/学时。 (3) 实施关键点 3：课堂检验案例。 实施要求：1 个检验案例/学时		
教学方法	(1) 基本教学方法：3W1H 教学方法，课堂设问和提问，分组教学法		
	(2) 进阶教学方法：对比教学方法，现场编程教学方法，快速阅读法；头脑风暴法		
	(3) 高级教学技巧：课堂陷阱教学法		
效果评价	项目名称	阶 段	评 价 要 点
	项目 1 制作树叶及奔跑的 豹子	项目准备	(1) 了解 Flash 软件运行环境； (2) 了解 Flash 软件安装方法
		项目实施	(1) 帧的绘制； (2) 时间轴的使用
		项目展示	(1) 动画的连贯性； (2) 豹子动作的协调性
	项目 2 制作闪光五角星及 弹跳的球	项目准备	(1) Flash 的动画类型； (2) 素材的预处理
		项目实施	(1) 图形绘制准确； (2) 动画设置正确
		项目展示	(1) 动画是否达到预期效果； (2) 动画的连贯性与动画的协调性
	项目 3 制作音频与视频文 件及可移动图片	项目准备	(1) 素材的收集与整理； (2) 视频、音频的格式
		项目实施	(1) 视频的导入与处理； (2) 音频的导入与处理； (3) 图片的导入与处理
		项目展示	(1) 音频、视频、图片是否正确播放； (2) 动画效果是否协调

2.2 项目 1——制作树叶及奔跑的豹子

2.2.1 项目介绍

本项目的具体设计见下表。

项目描述	通过"制作树叶及奔跑的豹子"项目案例，让学员了解 Flash 的基本操作技术，掌握 Flash 的帧的概念、时间轴动画的基本设计技术，学习制作动画的基本技巧	
项目内容	课堂引入	10 分钟
	任务 1 运用线条和基本绘画	125 分钟
	任务 2 制作奔跑的豹子	135 分钟

2.2.2　任务 1　线条的运用及基本绘画

1. 任务描述

首先进行第一次课的教学实施，演示项目案例，举例说明为什么要学习 Flash 和 Flash 的主要功能，并强调 Flash 是一种矢量动画软件，通过案例学习线条的运用和基本的绘画方法，绘制出如图 2-1 所示动画。

图 2-1　动画效果图

2. 教学组织

首先展示项目案例，然后说明制作的逻辑思路，接着讲授 Flash 的界面结构及简单制作方法。在讲述制作方法的时候，可以采用演示法和对比教学吸引学生参与课堂活动，共计 125 分钟。

1) 案例演示(5 分钟)

采用课堂设问和提问教学法，引导学员在案例演示过程中进行思考，以加深其对案例的了解。

2) 制作方法学习(40 分钟)

将学员按 6 人一组进行分组，可采用快速阅读法、头脑风暴法、旋转木马法和对比教学进行教学，同时，每一部分教学配合验证案例，主要内容包括矢量图的概念、填充色的方法、直线的画法和椭圆的画法。

3) 典型示例解读(40 分钟)

建议采用任务分解法和课堂陷阱教学法解读典型示例。注意使用课堂设问和提问。

4) 现场操作练习(30 分钟)

采用分组教学法和现场教学法进行现场操作练习。

5) 自我评价、总结和作业布置(10 分钟)

学员分组对现场完成的案例进行自我评价(考虑按照分组情况，每组选取一名学员讲解和自评)，教师进行总结，重点对一些共性的错误进行分析，并布置课后作业。

3. 关键知识点

1) 基础绘图工具

在计算机绘图领域中，根据成图原理和绘制方法的不同，分为矢量图和位图两种类型。

矢量图形是由一个个单独的点构成的，每一个点都有其各自的属性，如位置、颜色等。因此，矢量图与分辨率无关，对矢量图进行缩放时，图形对象仍保持原有的清晰度和光滑度，不会发生任何偏差，如图 2-2 所示是放大了 16 倍的矢量图效果。

位图图像是由像素点构成的，像素点的多少将决定位图图像的显示质量和文件大小，位图图像的分辨率越高，其显示越清晰，文件所占的空间也就越大。因此，位图图像的清晰度与分辨率有关。对位图图像进行放大时，放大的只是像素点，位图图像的四周会出现锯齿状。如图 2-3 所示是放大了 16 倍的位图效果。

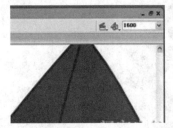 

图 2-2　矢量图放大到 16 倍时依然清晰　　　　图 2-3　位图放大 16 倍时模糊不清

本模块将通过 Flash 基本绘图工具的学习，绘制出一些简单的矢量图。另外，Flash 也具备一定的位图处理能力，虽然比不上专业的位图处理软件，但是对于制作动画过程中需要对位图作的一些简单处理，它还是能够胜任的。

2) 绘制和处理线条

线条工具是 Flash 中最简单的工具。鼠标单击线条工具 ✎，移动鼠标指针到舞台上，在直线开始的地方按住鼠标拖动，到结束点松开鼠标，一条直线就画好了。

线条工具能画出许多风格各异的线条来。在线条工具的"属性"面板中，可以定义直线的颜色、粗细和样式，具体如图 2-4 所示。

图 2-4　直线"属性"面板

在图 2-4 所示的属性面板中，单击其中的"笔触"颜色按钮，会出现一个调色板对话框，同时光标变成滴管状。用滴管直接拾取颜色或者在文本框里直接输入颜色的 16 进制数值(颜色以#开头，如#99FF33)。

倘若要画各种不同的直线，单击属性面板中的自定义按钮，会弹出"笔触样式"对话框，改变它的各项参数，就会产生不同的绘图效果。

滴管工具和墨水瓶工具可以很快地将一条直线的颜色样式套用到别的线条上。用滴管工具单击上面的直线，观察属性面板，它显示的就是该直线的属性，而且工具也自动变成了墨水瓶工具。使用墨水瓶工具单击其他线条，就可以观察到所有线条的属性都变成了和滴管工具选中的直线一样了。

如果需要更改这条直线的方向和长短，Flash 提供了一个很便捷的工具——箭头工具。箭头工具的作用是选择对象、移动对象、改变线条或对象轮廓的形状。单击选择箭头工具，然后移动鼠标指针到直线的端点处，指针右下角变成直角状，这时拖动鼠标可以改变直线的方向和长短。如果鼠标指针移动到线条中任意处，指针右下角会变成弧线状，拖动鼠标，可以将直线变成曲线。这是一个很有用的功能，在鼠标绘图还不熟练时，它可以画出所需要的曲线。

讲解要点：

　　通过实际的绘制体验，了解在 Flash 软件中绘制线条的基本流程。

实施关键点：

　　通过绘制线条实例，理解矢量图与位图。

---

4. 任务实施

练习画一片树叶。打开 Flash 软件，系统会自动建立一个 Flash 文档，在这里不改变文档的属性，直接使用其默认值。

1) 新建图形元件

执行"插入"→"新建元件"命令，或者按快捷键 CTRL+F8，弹出"创建新元件"对话框，在"名称"文本对话框中输入元件名称"树叶"，"类型"选择"图形"，单击"确定"按钮。

这时工作区变为"树枝"元件的编辑状态，场景如图 2-5 所示。

图 2-5　"树叶"图形元件编辑场景

2) 绘制树叶图形

在"树叶"图形元件编辑场景中，首先用线条工具画一条直线，"笔触颜色"设置为深绿色，画成的直线如图 2-6 所示。

然后用箭头工具将它拉成如图 2-7 所示的曲线。再用线条工具绘制一个直线，用这条直线连接曲线的两端点。用箭头工具将这条直线也拉成曲线，样式如图 2-8 所示。一片树叶的基本形状已经出来了，而后画叶脉，在两端点间画直线，然后拉成曲线。再画旁边的细小叶脉，可以全用直线，也可以略加弯曲，树叶就画好了。

图 2-6　画直线　　　　　　　　图 2-7　拉成曲线　　　　　　　　图 2-8　拉成曲线

3) 编辑和修改树叶

如果在画树叶的时候出现错误，例如，画出的叶脉不是所希望的样子，可以执行"编辑"→"撤销"命令撤销前一步的操作，也可以选择以下更简单的方法：用箭头工具单击要删除的直线，这条直线变成网点状，说明它已经被选取，可以对它进行各种修改，如图 2-9 所示。要移动它，就按住鼠标拖动，要删除它，就直接按 Del 键。按住 Shift 键连续单击线条，可以同时选取多个对象。如果要选取全部的线条，可以用黑色箭头工具拉出一个选取框来，就可以将其全部选中了。

图 2-9　被选取状态　　　　　　　　　　　图 2-10　调色板

说明：在一条直线上双击，也可以将和这条直线相连并且颜色、粗细、样式相同的整个线条范围全部选取。

4) 给树叶上色

接下来给这片树叶填上颜色。在工具箱中找到"颜色"选项，单击"填充颜色"按钮，会出现一个调色板，同时光标变成吸管状，效果如图 2-10 所示。

说明：除了可以选择调色板中的颜色外，还可以点选屏幕上任何地方吸取所需要的颜色。

如果觉得调色板的颜色太少不够选，单击一下调色板右上角的"颜色选择器"按钮，会弹出一个"颜色"对话框，其中有更多的颜色选项，在这里，能把选到的颜色添加到自定义颜色中。

在"自定义颜色"选项下单击一个自定义色块，该色块会被虚线包围，在"颜色"对话框右边的"调色板"中单击喜欢的颜色，上下拖动右边颜色条上的箭头，移到需要的深浅度上，单击"添加到自定义颜色"按钮，这个色块就被收藏起来了。下一次要使用时，打开这个"颜色"面板，在自定义色中可以方便地选取中意的颜色。

在调色板里选取绿色，单击工具箱里颜料桶工具，在画好的叶子上单击一下，观察效果。只有一小块颜色，这是因为这个颜料桶只能在一个封闭的空间里填色。所以需要一块一块的填上颜色。

至此，一个树叶图形就绘制好了。执行"窗口"→"库"命令，打开"库"面板，将发现"库"面板中出现一个如图 2-11 所示的"树叶"图形元件。

说明：　"库"面板是存储 Flash 元件的场所，所创建的元件对象以及从外部导入的图像、声音等对象都保存在这里，这里的元件可以拖放到场景中重复使用。

5)　"颜料桶工具"选项

单击颜料桶工具后，在工具箱下边的"选项"里有四个选项，可以根据自己的需要来确定，其界面如图 2-12 所示。

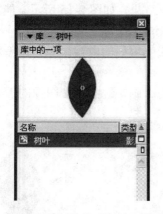

图 2-11　"库"面板中的"树叶"图形元件　　　　　图 2-12　颜料桶工具选项

说明：颜料桶工具是对某一区域进行单色、渐变色或位图进行填充，注意不能作用于线条。选择颜料桶工具后，在工具箱下边的"选项"中单击"空隙大小"按钮，会弹出四个选项。其中，"不封闭空隙"表示要填充的区域必须在完全封闭的状态下才能进行填充；"封闭小空隙"表示要填充的区域在小缺口的状态下可以进行填充；"封闭中等空隙"表示要填充的区域在中等大小缺口状态下进行填充；"封闭大空隙"表示要填充的区域在较大缺口状态下也能填充。但在 Flash 中，即使中大缺口，值也是很小的，所以要对大的不封闭区域填充颜色，一般用笔刷。

讲解要点：
　　这里要注意，Flash 的颜料桶工具不能作用于线条。
实施关键点：
　　课堂提问；注意选择空隙大小。

---

6)　刷子工具的使用方法

刷子工具 可以随意地画色块。当单击工具箱中的刷子工具后，工具箱下边就会显示如图 2-13 所示的"选项"，在这里可以选定画笔的大小、样式以及它的填色模式。

下面利用刚刚画成的树叶来详细讲解它的填色模式。在图 2-13 所示的"选项"下单击填充模式按钮，则弹出如图 2-13 及图 2-14 所示的填充模式下拉列表。

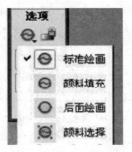

图 2-13　刷子工具选项　　　　　　　　　　图 2-14　刷子的填色模式

（1）标准绘画。选择刷子工具，并将填充颜色设置为黄色，也可以是其他色。选择"标准绘画"模式，移动笔刷(当选择了刷子工具后，鼠标指针就变为刷子形状)到舞台的树叶图形上，拖动鼠标在叶子上任意涂抹几下，观察一下效果，如图 2-15 所示。能发现，不管是线条还是填色范围，只要是画笔经过的地方，都变成了画笔的颜色。

（2）颜料填充。选择"颜料填充"模式，它只影响填色的内容，不会遮盖住线条，效果如图 2-16 所示。

（3）后面绘画。选择"后面绘画"模式，无论怎么画，线条都在图像的后方，不会影响前景图像，效果如图 2-17 所示。

图 2-15　标准绘画模式　　　　　　图 2-16　颜料填充模式　　　　　图 2-17　后面绘画模式

（4）颜料选择。选择"颜料选择"模式，先用画笔抹几下，会发现没有任何作用。这是因为之前没有选择范围。用"箭头工具"选中叶片的一块，再使用画笔，颜色就上去了，效果如图 2-18 所示。

（5）内部绘画。选择"内部绘画"模式，在绘画时，画笔的起点必须是在轮廓线以内，而且画笔的范围也只作用在轮廓线以内，效果如图 2-19 所示。

图 2-18　颜料选择模式　　　　　　　　图 2-19　内部绘画模式

7) 画一个树枝

现在将这些树叶组合成树枝。为了避免一模一样的树叶，Flash 提供了一个很好的工具——任意变形工具 。利用任意变形工具可以将前面绘制的那个树叶改变成需要的形状。

任意变形工具可以旋转缩放元件，也可以对图形对象进行扭曲、封套变形。在工具箱中选择任意变形工具后，工具箱的下边就会出现相应的"选项"，如图 2-20 所示。

图 2-20　任意变形工具选项

说明：任意变形工具的"选项"中共包括 5 个按钮，从上向下依次是："对齐对象"、"旋转与倾斜"、"缩放"、"扭曲"和"封套"。可以用鼠标指向这些按钮，相应的按钮功能就会显示出来。另外，当选择了任意变形工具后，"选项"中的按钮并不是马上都被激活，除了"对齐对象"按钮，其他按钮都是灰色显示，只有在场景中选择了具体的对象以后，其他 4 个按钮才变成可用状态。

第一步，旋转树叶。选择任意变形工具后，单击舞台上的树叶，这时树叶被一个方框包围着，中间有一个小圆圈，这就是变形点，当对其进行缩放旋转时，就以它为中心，这个点是可以移动的，样式如图 2-21 所示。将光标移近它，光标下面会多了一个圆圈，按住鼠标拖动，将它拖到叶柄处，需要它绕叶柄旋转，样式如图 2-22 所示。再把鼠标指针移到方框的右上角，鼠标变成状圆弧状，表示这时就可以进行旋转了。向下拖动鼠标，叶子绕控制点旋转，到合适位置松开鼠标，如图 2-23 所示。

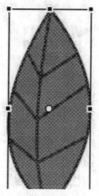　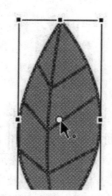　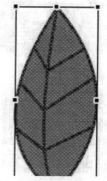

图 2-21　变形点　　　图 2-22　选取变形点　　　图 2-23　拖动变形点到叶柄处

第二步，复制树叶。用箭头工具单击舞台上的树叶图形，执行"编辑"→"复制"命令，然后再执行"编辑"→"粘贴"命令，这样就复制得到一个同样的树叶。

第三步，变形树叶。将粘贴好的树叶拖到旁边，再用任意变形工具进行旋转。使用任意变形工具时，也可以像使用箭头工具一样移动树叶的位置。拖动任一角上的缩放手柄，可以将对象放大或缩小。拖动中间的手柄，可以在垂直和水平方向上放大缩小，甚至翻转对象。将树叶适当变形为如图 2-24 所示样式。

说明：任意变形工具的各项功能也可以使用菜单栏中"修改"→"变形"命令来实现，界面如图 2-25 所示。

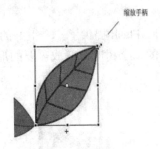

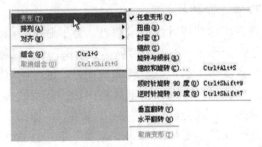

图 2-24　缩放对象　　　　　　　　　　图 2-25　变形命令

第四步，创建"三片树叶"图形元件。再复制一张树叶出来，用任意变形工具将三片树叶调整成如图 2-26 所示形状。在调整过程中请注意，当调整效果不满意时，也许树叶已经不在选取状态，有时要重新选取整片树叶范围很困难，这就需要多使用编辑撤销，以恢复选取状态。

如图 2-26 所示的三片树叶图形创建好以后，将它们全部选中，然后执行"修改"→"转换为元件"命令，将它们转换为名字为"三片树叶"的图形元件。

第五步，绘制树枝。注意，以上的绘图操作都是在"树叶"编辑场景完成的，现在返回到主场景"场景 1"。单击时间轴右上角的"场景 1"按钮。单击刷子工具 ✎，选择"画笔形状"为圆形，大小自定，选择"后面绘画"模式，移动鼠标指针到场景中，画出如图 2-27 所示的树枝形状。

图 2-26　树叶组合　　　　　　　　　　图 2-27　画出树枝

第六步，组合树叶和树枝。执行"窗口"→"库"命令，或者使用快捷键 Ctrl+L，打开"库"面板，可以看到，"库"面板中出现两个图形元件，这两个图形元件就是前面绘制的"树叶"图形元件和"三片树叶"图形元件，界面如图 2-28 所示。

单击"树叶"图形元件，将其拖放到场景的树枝图形上，用任意变形工具进行调整。元件"库"里的元件可以重复使用，只要改变它的长短、大小、方向就能表现出纷繁复杂的效果来，完成效果如图 2-29 所示。

图 2-28　元件库　　　　　　　　　　图 2-29　完成后的树枝效果

> 讲解要点：
>   上述的例题讲解中，要引导学生进行实际操作，掌握 Flash 的基本操作。使用陷阱法，在演示的时候留出陷阱，让学生发现后进行修改。
> 实施关键点：
>   课堂检验案例。

5. 任务测评

可按下表所列内容进行任务测评。

序号	测 评 内 容	测 评 结 果	备注
1	是否掌握 Flash 动画原理	好、中、及格	
2	是否会用 Flash 动画线条工具	好、中、及格	
3	是否会用 Flash 进行基本绘图	好、中、及格	
4	是否会制作任务中实例		

6. 课后练习

(1) 绘出一朵小花。

(2) 绘出一个花园。

2.2.3 任务 2 制作奔跑的豹子

1. 任务描述

从网页浏览的体验、绘制的操作体验，引入动画的概念，逐步引导学生理解事件驱动并熟悉制作流程，学习任务中奔跑的豹子的绘制方法，制作出如图 2-30 所示动画。

图 2-30　奔跑的豹子

2. 教学组织

首先展示项目案例，然后说明 Flash 的制作原理，接着讲授 Flash 的构成。在讲授核心构成的时候，可以采用对比教学吸引学生参与课堂活动。具体可以分解为如下步骤，共计135 分钟。

1) 回顾和作业讲解(10 分钟)

课程回顾教学中，可以采取课堂设问和提问教学，并且根据学生情况对上次课程中的关键内容提取关键字，通过这些关键字引导学生回顾复习。

关键字如下：帧，矢量，逐帧动画。

2) 案例演示(5 分钟)

案例演示采用课堂设问和提问教学法引导学生思考进行教学。

3) 技术讲解(40 分钟)

在技术讲解教学中，将学员进行分组，可采用快速阅读法、头脑风暴法、旋转木马法和对比教学进行教学和学习，每一部分的讲解应该配合验证案例，主要内容包括矢量图、逐帧动画和形状补间动画。

4) 典型示例解读(30 分钟)

在示例讲解中，建议采用任务分解法和课堂陷阱教学法，并且注意使用课堂设问和提问。

5) 现场制作(40 分钟)

在现场制作中，采用分组教学法和现场制作教学法进行现场制作。

6) 总结和作业(10 分钟)

学员分组对现场完成的案例进行自我评价，教师进行总结，重点对一些共性的错误进行分析，并布置课后作业。

3. 关键知识点

1) 逐帧动画的概念和在时间帧上的表现形式

在时间帧上逐帧绘制帧内容称为逐帧动画，由于是一帧一帧的画，所以逐帧动画具有非常大的灵活性，几乎可以表现任何想表现的内容。逐帧动画在时间帧上表现为连续出现的关键帧，如图 2-31 所示。

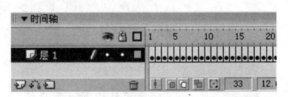

图 2-31　逐帧动画

2) 创建逐帧动画的几种方法

(1) 用导入的静态图片建立逐帧动画。将 jpg、png 等格式的静态图片连续导入 Flash 中，就会建立一段逐帧动画。

(2) 绘制矢量逐帧动画。用鼠标或压感笔在场景中一帧帧的画出帧内容。

(3) 文字逐帧动画。用文字作帧中的元件，实现文字跳跃、旋转等特效。

(4) 导入序列图像。可以导入 gif 序列图像、swf 动画文件或者利用第 3 方软件(如 swish、swift 3D 等)产生动画序列。

3) 绘图纸功能

(1) 绘图纸的功能。

绘图纸是一个帮助定位和编辑动画的辅助功能，这个功能对制作逐帧动画特别有用。

通常情况下，Flash 在舞台中一次只能显示动画序列的单个帧。使用绘图纸功能后，就可以在舞台中一次查看两个或多个帧了。

如图 2-32 所示的是使用绘图纸功能后的场景，可以看出，当前帧中内容用全彩色显示，其他帧内容以半透明显示，看起来好像所有帧内容是画在一张半透明的绘图纸上，这些内容相互层叠在一起。当然，这时只能编辑当前帧的内容。

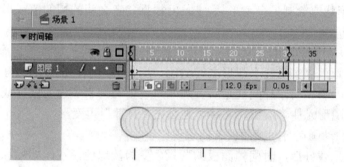

图 2-32　同时显示多帧内容的变化

(2) 绘图纸各个按钮的介绍。

① 　：绘图纸外观按钮。按下此按钮后，在时间帧的上方，出现绘图纸外观标记。拉动外观标记的两端，可以扩大或缩小显示范围。

② 　：绘图纸外观轮廓。按下此按钮后，场景中显示各帧内容的轮廓线，填充色消失，特别适合观察对象轮廓，另外可以节省系统资源，加快显示过程。

③ 　：绘图纸显示多帧按钮。按下后可以显示全部帧内容，并且可以进行"多帧同时编辑"。

④ 　：修改绘图纸标记。按下后，弹出菜单，菜单中有以下选项：

● "总是显示标记"选项：无论绘图纸外观是否打开，会在时间轴标题中显示绘图纸外观标记。

● "锚定绘图纸外观标记"选项：会将绘图纸外观标记锁定在它们在时间轴标题中的当前位置。通常情况下，绘图纸外观范围是和当前帧的指针以及绘图纸外观标记相关的。通过锚定绘图纸外观标记，可以防止它们随当前帧的指针移动。

● "绘图纸 2"选项：会在当前帧的两边显示两个帧。

● "绘图纸 5"选项：会在当前帧的两边显示五个帧。

● "绘制全部"选项：会在当前帧的两边显示全部帧。

> 讲解要点：
> (1) 采用 3W1H 教学法；
> (2) 在讲解逐帧动画的时候，采用对比教学，通过对比各种按钮的用法举例，可以更好地帮助学生掌握基本用法。
> 实施关键点：
> 课堂提问；课堂检验案例。

4) 形状补间动画

形状补间动画是 Flash 中非常重要的表现手法之一，运用它可以变幻出各种奇妙的不可思议的变形效果。

本节从形状补间动画基本概念入手，认识形状补间动画在时间帧上的表现，了解补间动画的创建方法，学会应用"形状提示"让图形的形变自然流畅。

(1) 形状补间动画的概念。

在 Flash 的时间帧面板上，在一个时间点(关键帧)绘制一个形状，然后在另一个时间点(关键帧)更改该形状或绘制另一个形状，Flash 根据二者之间的帧的值或形状来创建的动画被称为"形状补间动画"。

(2) 构成形状补间动画的元素。

形状补间动画可以实现两个图形之间颜色、形状、大小、位置的相互变化，其变形的灵活性介于逐帧动画和动作补间动画二者之间，使用的元素多为用鼠标或压感笔绘制出的形状，如果使用图形元件、按钮、文字，则必先"打散"再变形。

(3) 形状补间动画在时间帧面板上的表现。

形状补间动画建好后，时间帧面板的背景色变为淡绿色，在起始帧和结束帧之间会出现一个长长的箭头。

(4) 创建形状补间动画的方法。

在时间轴面板上动画开始播放的地方创建或选择一个关键帧并设置要开始变形的形状，一般一帧中以一个对象为好，在动画结束处创建或选择一个关键帧并设置要变成的形状，再单击开始帧，在"属性"面板上单击"补间"旁边的小三角，在弹出的菜单中选择"形状"，此时，一个形状补间动画就创建完毕。

(5) 形状补间动画的属性面板。

Flash 的"属性"面板随鼠标选定的对象不同而发生相应的变化。当建立了一个形状补间动画后，点击时间帧，"属性"面板如图 2-33 所示。

图 2-33　形状补间动画"属性"面板

形状补间动画的"属性"面板上只有两个参数：

① "简单"选项。

"简单"选项中有三项供选择：

➢ 在"0"边有个滑动拉杆按钮，单击后上下拉动滑杆或填入具体的数值，形状补间动画会随之发生相应的变化。

➢ 在 1 到 -100 的负值之间，动画运动的速度从慢到快，朝运动结束的方向加速度补间。

➢ 在 1 到 100 的正值之间，动画运动的速度从快到慢，朝运动结束的方向减慢补间。默认情况下，补间帧之间的变化速率是不变的。

② "混合"选项。

"混合"选项中有两项供选择：

➢ "角形"选项：创建的动画中间形状会保留有明显的角和直线，适合于具有锐化转角和直线的混合形状。

➢ "分布式"选项：创建的动画中间形状比较平滑和不规则。

> 讲解要点：
> 　　(1) 采用 3W1H 教学法，课堂陷阱教学法；
> 　　(2) 熟悉创建补间动画的方法。
> 实施关键点：
> 　　课堂提问；课堂检验案例。

4. 任务实施

茫茫雪原上，有一只矫健的豹子在奔跑跳跃，这是一个利用导入连续位图而创建的逐帧动画。

1) 创建影片文档

执行"文件"→"新建"命令，在弹出的面板中选择"常规"→"Flash 文档"选项后，点击"确定"按钮，新建一个影片文档，在"文档属性"面板上设置文件大小为 400 像素×260 像素、"背景色"为白色，界面如图 2-34 所示。

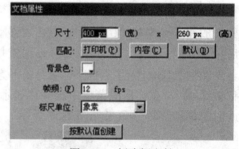

图 2-34　创建新文档

2) 创建背景图层

选择第一帧，执行"文件"→"导入到场景"命令，将本实例中的名为"雪景.bmp"图片导入到场景中。在第 8 帧按 F5，加过渡帧使帧内容延续。

3) 导入 gif 动画

新建一层，选择第一帧，执行"文件"→"导入到场景"命令，将"奔跑的豹子"系列图片导入。此时，会弹出一个对话框，选择"是"按钮，Flash 会自动把 gif 中的图片序列按顺序以逐帧形式导入场景的左上角，效果如图 2-35 所示。

图 2-35　导入的 gif 动画在场景的上方形成帧动画

如图 2-36 所示是导入后的动画序列，它们被 Flash 自动分配在 8 个关键帧中。

图 2-36 导入的 8 张图片

4) 调整对象位置

此时，时间帧区出现连续的关键帧，从左向右拉动播放头，就会看到一头勇猛的豹子在向前奔跑，但是，被导入的动画序列位置尚未处于需要的地方，缺省状况下，导入的对象被放在场景坐标"0，0"处，必须移动它们。当然可以一帧帧调整位置，完成一幅图片后记下其坐标值，再把其他图片设置成相同坐标值，也可以使用"多帧编辑"。先把"雪景"图层加锁，然后按下时间轴面板下方的绘图纸显示多帧按钮，再单击修改绘图纸标记按钮，在弹出的菜单中选择"显示全部"选项。最后执行"编辑"→"全选"命令，此时时间轴和场景效果如图 2-37 所示。

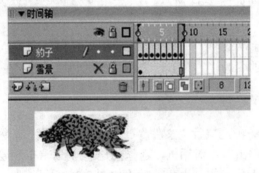

图 2-37 选取多帧编辑

用鼠标左键按住场景左上方的豹子拖动，就可以一次把 8 帧中的图片一次全移动到场景中了。

5) 设置标题文字

在场景中新建一个图层，单击工具栏上的文字工具按钮 **A**，设置"属性"面板上的文本参数如下：文本类型为静态文本，字体为隶书，字体大小 35，颜色为深蓝色。在文本框中输入"奔跑的豹子"五个字，居中放置。

6) 测试存盘

执行"控制"→"测试影片"命令，观察本例 swf 文件生成的动画有无问题，如果满意，执行"文件"→"保存"命令，将文件保存成"奔跑的豹子.fla"文件存盘，如果要导出 Flash 的播放文件，执行"导出"→"导出影片"命令，保存成"奔跑的豹子.swf"文件。

讲解要点：
　　(1) 在案例讲解中，分析每一步的操作过程；
　　(2) 引导学生观察操作过程。
实施关键点：
　　课堂检验案例；采用任务分解教学法。

5. 任务测评

按照下表所示内容进行任务测评。

序号	测评内容	测评结果	备注
1	是否掌握 Flash 动画类型	好、中、及格	
2	是否掌握导入图片的方法	好、中、及格	
3	是否会制作任务中实例	好、中、及格	

6. 课后练习

如图 2-38 所示，国庆的夜空绚丽多彩，朵朵礼花在天空中绽放，远处传来礼炮的轰鸣声，挂几个大红灯笼来庆祝祖国的生日吧。

图 2-38　庆祝国庆

提示： ① 创建矢量图形；② 创建形状补间动画；③ 将文字转变为形状；④ 用混色器设置颜色。

2.3　项目 2——制作闪光五角星及弹跳的球

2.3.1　项目介绍

本项目的具体内容见下表。

项目描述	通过"制作闪光五角星及弹跳的球"项目案例，让学员了解学习 Flash 动画制作的流程和步骤	
项目内容	课堂引入	10 分钟
	任务 1　绘制闪光五角星	125 分钟
	任务 2　制作弹跳的球	135 分钟

2.3.2　任务1　绘制闪光五角星

1. 任务描述

通过绘制闪光五角星学习 Flash 软件中绘制图形和制作动画的方法,设计效果如图 2-39 所示。

图 2-39　闪光五角星设计效果图

2. 教学组织

首先展示项目案例,然后说明制作的逻辑思路,接着是讲授 Flash 的制作方法。在讲述制作方法的时候,可以采用对比教学吸引学生参与课堂活动,共 125 分钟。

1) 案例演示(5 分钟)

采用课堂设问和提问教学法,引导学员在案例演示过程中进行思考,以加深其对案例的了解。

2) 制作方法学习(40 分钟)

将学员按 6 人一组进行分组,可采用快速阅读法、头脑风暴法、旋转木马法和对比教学进行教学,同时,每一部分教学配合验证案例,主要内容包括遮罩动画和引导路径。

3) 典型示例解读(40 分钟)

建议采用任务分解法和课堂陷阱教学法解读典型示例。注意使用课堂设问和提问。

4) 现场编程(30 分钟)

采用分组教学法和现场制作教学法进行现场编程。

5) 自我评价、总结和作业布置(10 分钟)

学员分组对现场完成的案例进行自我评价(考虑按照分组情况,每组选取一名学员讲解和自评),教师进行总结,重点对一些共性的错误进行分析,并布置课后作业。

3. 关键知识点

1) 遮罩动画

在 Flash 的作品中,常常可以看到很多眩目神奇的效果,而其中不少就是用最简单的"遮罩"完成的,如水波、万花筒、百叶窗、放大镜、望远镜等等。那么,"遮罩"如何能产生这些效果,在本任务中,除了介绍"遮罩"的基本知识,还介绍一些"遮罩"的应用技巧,最后，提供很实用的范例，以加深对"遮罩"原理的理解。

(1) 遮罩定义。"遮罩"，顾名思义就是遮挡住下面的对象。在 Flash 中，"遮罩动画"也确实是通过"遮罩层"来达到有选择地显示位于其下方的"被遮罩层"中的内容的目的，在一个遮罩动画中，"遮罩层"只有一个，"被遮罩层"可以有任意个。

(2) 遮罩的用途。在 Flash 动画中，"遮罩"主要有两种用途：一个作用是用在整个场景或一个特定区域，使场景外的对象或特定区域外的对象不可见；另一个作用是用来遮罩住某一元件的一部分，从而实现一些特殊的效果。

2) 创建遮罩的方法

(1) 创建遮罩。

在 Flash 中没有一个专门的按钮来创建遮罩层，遮罩层其实是由普通图层转化的。只要在某个图层上单击右键，在弹出菜单中在"遮罩"前打个钩，该图层就会生成遮罩层，"层图标"就会从普通层图标变为遮罩层图标，系统会自动把遮罩层下面的一层关联为"被遮罩层"，在缩进的同时图标变为  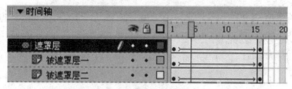，如果想让更多层被遮罩，只要把这些层拖到被遮罩层下面就行了，多层遮罩动画设置界面如图 2-40 所示。

图 2-40　多层遮罩动画设置界面

(2) 构成遮罩和被遮罩层的元素。

遮罩层中的图形对象在播放时是看不到的，遮罩层中的内容可以是按钮、影片剪辑、图形、位图、文字等，但不能使用线条，如果一定要用线条，可以将线条转化为"填充"。

被遮罩层中的对象只能透过遮罩层中的对象被看到。在被遮罩层，可以使用按钮、影片剪辑、图形、位图、文字、线条等。

(3) 遮罩中可以使用的动画形式。

可以在遮罩层、被遮罩层中分别或同时使用形状补间动画、动作补间动画、引导线动画等动画手段，从而使遮罩动画变成一个可以施展无限想象力的创作空间。

3) 应用遮罩技巧

遮罩层的基本原理是：能够透过该图层中的对象看到"被遮罩层"中的对象及其属性(包括它们的变形效果)，但是遮罩层中的对象中的许多属性如渐变色、透明度、颜色和线条样式等却是被忽略的。比如，不能通过遮罩层的渐变色来实现被遮罩层的渐变色变化。其他的遮罩技巧还有：

➢ 要在场景中显示遮罩效果，可以锁定遮罩层和被遮罩层。

➢ 可以用"AS"动作语句建立遮罩，但这种情况下只能有一个"被遮罩层"，同时，不能设置 Alpha 属性。

➢ 不能用一个遮罩层试图遮蔽另一个遮罩层。

➢ 遮罩可以应用在 gif 动画上。

➢ 在制作过程中，遮罩层经常挡住下层的元件，影响视线无法编辑，可以按下遮罩层时间轴面板的显示图层轮廓按钮 ▢，使之变成 ▣，则遮罩层只显示边框形状，在这种情况下，还可以拖动边框调整遮罩图形的外形和位置。

> 讲解要点：
> 　　(1) 采用 3W1H 教学法，课堂陷阱教学法；
> 　　(2) 熟悉遮罩动画的制作方法。
> 实施关键点：
> 　　课堂提问；课堂检验案例。

4. 任务实施

1) 制作闪光五星

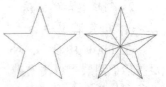

图 2-41　五角星

(1) 首先新建 Flash 文档，场景大小为 400×400 像素，背景色为黑色，其他默认，新建图形元件，名称为"五角星"，选择多角星形工具，在"五角星"的编辑舞台中绘制一个任意大小的无填充色的五角星，然后用直线工具连接每个角的对角线，绘制出的五角星如图 2-41 所示。

(2) 给五角星填充颜色。打开混色器，选择线性填充，颜色代码分别为：左、#FF0000(红)，右、#990033(深红)，填充方法见图 2-42。注意相邻两格的填充方向是相反的(只要用颜料桶工具在每一格中向顶角或向中心方向拖动填充，也可以用填充变形工具调整出更好的立体效果来)。

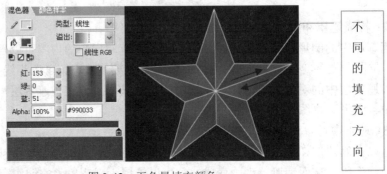

图 2-42　五角星填充颜色

删除五角星的轮廓线，五角星元件就做好了，删除后效果如图 2-43 所示。

图 2-43　删除五角星轮廓线

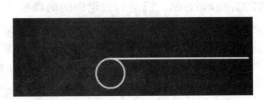

图 2-44　光线

2) 制作光线元件

新建名为"光线"的图形元件。首先选择椭圆工具，线条颜色代码为 EBE9C5，笔触宽度为 3，画一个无填充色的正圆，并画一条长 200 的直线与圆相切，效果见图 2-44。

而后单击第一帧同时选中它们，选菜单"修改"→"形状"→"将线条转换为填充"，把线条转换为填充色(做遮罩层线条必须转换成填充才能起效果)。接着单击任意变形工具，选中上面图形，把注册点移到圆心位置，打开变形面板，设置旋转 20 度，鼠标左键点击"复制并应用变形"按钮 17 次，舞台居中对齐，见效果图 2-45、2-46。

返回主场景，添加 3 个图层，共 4 层。分别将图层名称改为"五角形"、"遮罩"、"光线"和"背景"，具体见图 2-47。选中背景图层的第一帧，打开混色器，选择"放射状"，颜色代码分别为左起：FCE836、FC773F、BA2501、3C0C00，效果见图 2-48。在舞台中画一个无边框为 400×400 像素的正方形，居中对齐舞台中心，在第 30 帧处插入普通帧，然后选中光线图层的第一帧，从库中把光线元件拖入到舞台，对齐舞台中心，在第 30 帧插入关键帧，设置 1～30 帧的补间动画，逆时针旋转 2 次，效果及参数见图 2-49。

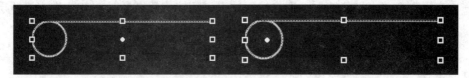

图 2-45　制作光线元件

图 2-46　制作光线元件

图 2-47　修改图层名称

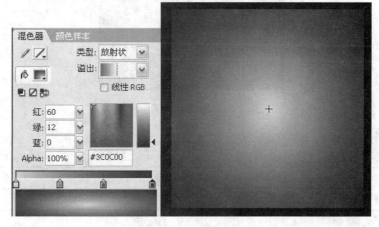

图 2-48　设计背景图层

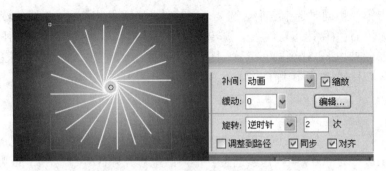

图 2-49　设置光线动画

接下来选中遮罩图层的第一帧，从库中把光线元件拖入到舞台，对齐中心，选菜单"修改"→"变形"→"水平翻转"，把光线元件水平翻转，效果见图 2-50。右击遮罩层，选菜单"遮罩层"，选中五角星图层的第一帧，把库中的"五角星"元件拖入到舞台，调整大小，对齐舞台中心，在第 30 帧插入帧，具体设置见图 2-51。而后选菜单"控制"→"测试影片"可看到如图 2-52 所示的遮罩后的舞台效果。

图 2-50　完成的光线

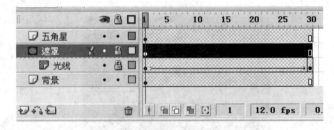

图 2-51　动画设置

图 2-52　遮罩后的舞台效果

5. 任务测评

按照下表所示内容进行任务测评。

序号	测 评 内 容	测 评 结 果	备　注
1	是否理解遮罩的含义	好、中、及格	
2	是否掌握遮罩动画的制作方法	好、中、及格	
3	是否会制作任务中实例	好、中、及格	

6. 课后练习

运用遮罩动画制作一闪烁图片。

2.3.3　任务 2　制作弹跳的球

1. 任务描述

通过绘制弹跳的球学习 Flash 软件中绘制图形和制作动画的方法，动画效果图见图 2-53。

图 2-53　范例效果

2. 教学组织

首先展示项目案例，然后说明 Flash 的制作过程，接着讲授 Flash 的构成。在讲授核心构成的时候，可以采用对比教学吸引学生参与课堂活动。具体可以分解为如下步骤，共计 135 分钟。

1) 回顾和作业讲解(10 分钟)

课程回顾教学中，可以采取课堂设问和提问教学，并且根据学生情况对上次课程中的关键内容提取关键字，通过这些关键字引导学生回顾复习。

关键字如下：帧，遮罩，路径。

2) 案例演示(5 分钟)

案例演示采用课堂设问和提问教学法引导学生思考进行教学。

3) 技术讲解(40 分钟)

在教学中，将学员进行分组，可采用快速阅读法、头脑风暴法、旋转木马法和对比教学进行教学和学习，每一部分的讲解应该配合验证案例，主要内容包括遮罩动画、引导路线、指定路线和随机路线。

4) 典型示例解读(30 分钟)

在示例讲解中，建议采用任务分解法和课堂陷阱教学法，并且注意使用课堂设问和提问。

5) 设计练习(40 分钟)

在设计练习中，采用分组教学法和现场制作教学法进行现场制作。

6) 总结和作业(10 分钟)

学员分组对现场完成的制作案例进行自我评价，教师进行总结，重点对一些共性的错误进行分析，并布置课后作业。

3. 关键知识点

1) 引导路径动画

单纯依靠设置关键帧，有时仍然无法实现一些复杂的动画效果，有很多运动是弧线或不规则的，如月亮围绕地球旋转、鱼儿在大海里遨游等，这就是 Flash 中的"引导路径动画"。它是指将一个或多个层链接到一个运动引导层，使一个或多个对象沿同一条路径运动的动画形式，这种动画可以使一个或多个元件完成曲线或不规则运动。

(1) 创建引导层和被引导层。

一个最基本的"引导路径动画"由两个图层组成，上面一层是"引导层"，它的图层图标为 ，下面一层是"被引导层"，图标 同普通图层一样。

在普通图层上点击时间轴面板的添加引导层按钮 ，该层的上面就会添加一个引导层 ，同时该普通层缩进为"被引导层"，参见图 2-54。

(2) 引导层和被引导层中的对象。

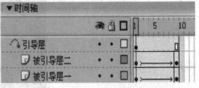

图 2-54　引导路径动画

引导层是用来指示元件运行路径的，所以"引导层"中的内容可以是用钢笔、铅笔、线条、椭圆工具、矩形工具或画笔工具等绘制出的线段。而"被引导层"中的对象是跟着引导线走的，可以使用影片剪辑、图形元件、按钮、文字等，但不能应用形状。

由于引导线是一种运动轨迹，不难想象，"被引导层"中最常用的动画形式是动作补间动画，当播放动画时，一个或数个元件将沿着运动路径移动。

(3) 向被引导层中添加元件。

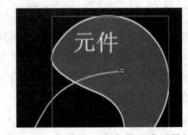

"引导动画"最基本的操作就是使一个运动动画"附着"在"引导线"上。所以操作时要特别注意"引导线"的两端，被引导的对象起始、终点的 2 个"中心点"一定要对准"引导线"的 2 个端头，如图 2-55 所示。

图 2-55　元件中心十字星对准引导线

在图 2-55 中，把"元件"的透明度设为 50%，可以透过元件看到下面的引导线，"元件"中心的十字星正好对着线段的端头，这是引导线动画顺利运行的前提。

2) 应用引导路径动画的技巧

(1) "被引导层"中的对象在被引导运动时，还可作更细致的设置，比如运动方向，把"属性"面板上的"路径调整"前打上钩，对象的基线就会调整到运动路径。而如果在"对齐"前打钩，元件的注册点就会与运动路径对齐。

(2) 引导层中的内容在播放时是看不见的，利用这一特点，可以单独定义一个不含"被引导层"的"引导层"，该引导层中可以放置一些文字说明、元件位置参考等，此时，引导层的图标为 。

(3) 在做引导路径动画时，按下工具栏上的"对齐对象"功能按钮 ，可以使"对象附着于引导线"的操作更容易成功。

（4）过于陡峭的引导线可能使引导动画失败，而平滑圆润的线段有利于引导动画的成功制作。

（5）被引导对象的中心对齐场景中的十字星，也有助于引导动画的成功。

（6）向被引导层中放入元件时，在动画开始和结束的关键帧上，一定要让元件的注册点对准线段的开始和结束的端点，否则无法引导，如果元件为不规则形，可以按下工具栏上的任意变形工具 ，调整注册点。

（7）如果想解除引导，可以把被引导层拖离"引导层"，或在图层区的"引导层"上单击右键，在弹出的菜单上选择"属性"，在对话框中选择"正常"作为图层类型，具体设置如图 2-56 所示。

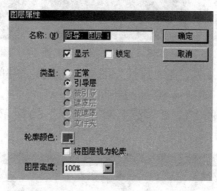

图 2-56　图层"属性"面板

（8）如果想让对象作圆周运动，可以在"引导层"画个圆形线条，再用橡皮擦去一小段，使圆形线段出现 2 个端点，再把对象的起始、终点分别对准端点即可。

（9）引导线允许重叠，比如螺旋状引导线，但在重叠处的线段必须保持圆润，让 Flash 能辨认出线段走向，否则会使引导失败。

讲解要点：
　（1）采用 3W1H 教学法，课堂陷阱教学法；
　（2）熟悉引导路径动画的制作方法。
实施关键点：
　课堂提问；课堂检验案例。

---

4. 任务实施

利用自定义缓入/缓出动画制作一个逼真的弹跳的球范例。

（1）为了方便本范例的制作，事先制作好了一些图形元件。直接打开本任务提供素材的原始文件，在这个文件的基础上进行操作。如图 2-57 所示是事先制作好的三个图形元件。

（2）将"图层 1"重新命名为"背景"，在这个图层上，将"库"中的"背景"图形元件拖放到舞台上，在"属性"面板上设置坐标为(0，0)。

（3）新建一个图层，将其重新命名为"球"。在这个图层上将"库"中的"球"图形元件拖放到舞台正上方，位置如图 2-58 所示。

（4）在"球"图层的第 60 帧插入一个关键帧，并将 60 帧上的球移动到舞台中央。在"背景"图层的第 60 帧插入一个帧，效果如图 2-59 所示。

图 2-57　事先制作的图形元件　　图 2-58　"球"图层第 1 帧　　图 2-59　"球"图层第 60 帧

（5）选择"球"图层第 1 帧，在"属性"面板中，选择"补间"下拉菜单中的"动画"选项。这样就定义了从第 1 帧到第 60 帧的补间动画。

（6）单击"缓动"右边的"编辑"按钮，弹出如图 2-60 所示的"自定义缓入/缓出"对话框。

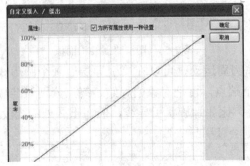

图 2-60　"自定义缓入/缓出"对话框

（7）在弹出的"自定义缓入/缓出"对话框中，在对角线上单击添加一个节点(水平位置在 20 帧)，向上拖动这个节点到 100%的位置，效果如图 2-61 所示。

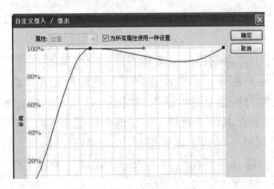

图 2-61　增加一个节点

分别在水平方向拖动节点的左右两个切点，让两个切点和节点重合，效果如图 2-62 所示。

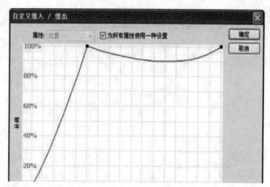

图 2-62　调节两个切点

(8) 再增加一个切点(水平位置在 30 帧)，然后向下拖动切点到 80％的垂直位置，效果如图 2-63 所示。

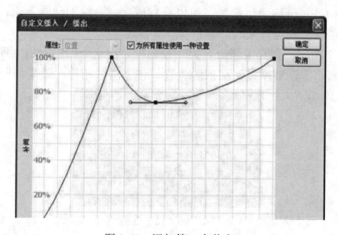

图 2-63　添加第二个节点

(9) 按照第(7)步的方法，再添加第三个节点，效果如图 2-64 所示。

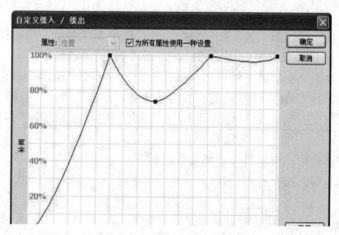

图 2-64　添加第三个节点

(10) 按照第(8)步的方法，再添加第四个节点，效果如图 2-65 所示。至此，缓动曲线就设置好了，单击"确定"按钮。

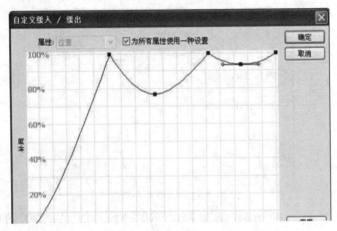

图 2-65　添加第四个节点

(11) 按下 Ctrl+Enter 键测试影片，可以看到球来回弹跳的动画效果。为了使球弹跳得更逼真，下面添加球的投影效果。

(12) 新建一个图层，将其重新命名为"投影"。在这个图层上将"库"中的"投影"图形元件拖放到舞台上，调整投影图形的位置，使之与球相符，效果如图 2-66 所示。

图 2-66　投影图形

(13) 在"投影"图层的第 60 帧插入一个关键帧。

(14) 选择"投影"图层第 1 帧上的投影，在"属性"面板中设置它的 Alpha 值为 15%。

(15) 选择"投影"图层第 1 帧，在"属性"面板中定义补间动画。

(16) 选择"球"图层第 1 帧，在"属性"面板中单击"编辑"按钮打开"自定义缓入/缓出"对话框，按 Ctrl+C 键复制缓动曲线，单击"确定"按钮。

(17) 选择"投影"图层第 1 帧，在"属性"面板中单击"编辑"按钮打开"自定义缓入/缓出"对话框，按 Ctrl+V 键粘贴复制的缓动曲线，单击"确定"按钮。

至此，案例制作完毕。通过自定义缓入/缓出动画功能，制作的小球弹跳效果十分逼真。

> 讲解要点：
> 　　(1) 在案例讲解中，分析每一步的操作过程；
> 　　(2) 引导学生观察操作过程。
> 实施关键点：
> 　　课堂检验案例；采用任务分解教学法。

5. 任务测评

按照下表所示内容进行任务测评。

序号	测 评 内 容	测 评 结 果	备注
1	理解路径的含义	好、中、及格	
2	掌握路径引导动画的制作方法	好、中、及格	
3	会制作任务中实例	好、中、及格	

6. 课后练习

制作如图 2-67 所示效果的海底世界。

图 2-67　海底世界制作效果

知识提要：

(1) 综合应用四种动画形式；

(2) 创建透明水泡；

(3) 创建多层遮罩。

2.4　项目 3——制作音频与视频文件及可移动图片

2.4.1　项目介绍

本项目的具体内容见下表。

项目描述	通过设计具有声音和视频内容的 Flash 作品，让学员了解学习 Flash 动画制作流程和步骤	
项目内容	课堂引入	10 分钟
	任务 1　在 Flash 中插入音频和视频	125 分钟
	任务 2　制作可移动图片文件	135 分钟

2.4.2　任务 1　在 Flash 中插入音频和视频

1. 任务描述

通过案例学习音频、视频的导入方法，提高 Flash 动画制作水平，音频、视频播放效果图见图 2-68。

图 2-68　播放效果图

2. 教学组织

首先展示项目案例，然后说明制作的逻辑思路，接着讲授制作方法。在讲述制作方法的时候，可以采用对比教学吸引学生参与课堂活动。

1) 案例演示(5 分钟)

采用课堂设问和提问教学法，引导学员在案例演示过程中进行思考，以加深其对案例的了解。

2) 制作方法学习 (40 分钟)

将学员按 6 人一组进行分组，可采用快速阅读法、头脑风暴法、旋转木马法和对比教学进行教学，同时，每一部分教学配合验证案例，主要内容包括音频插入、行为面板和视频插入。

3) 典型示例解读(40 分钟)

建议采用任务分解法和课堂陷阱教学法对典型示例进行解读。注意使用课堂设问和提问。

4) 现场练习(30 分钟)

采用分组教学法和现场教学法进行现场制作。

5) 自我评价、总结和作业布置(10 分钟)

学员分组对现场完成的案例进行自我评价(考虑按照分组情况，每组选取一名学员讲解和自评)，教师进行总结，重点对一些共性的错误进行分析，并布置课后作业。

3. 关键知识点

1) 在 Flash 中应用声音

Flash 提供了许多使用声音的方式，可以使声音独立于时间轴连续播放，或使动画与一个声音同步播放。还可以给按钮添加声音，使按钮具有更强的感染力。另外，通过设置淡入淡出效果还可以使声音更加优美。由此可见，Flash 对声音的支持已经由先前的实用，转到了现在的既实用又求美的任务。

只有将外部的声音文件导入到 Flash 中以后，才能在 Flash 作品中加入声音效果。能直接导入 Flash 的声音文件，主要有 WAV 和 MP3 两种格式。另外，如果系统上安装了 QuickTime 4 或更高版本，就可以导入 AIFF 格式和只有声音而无画面的 QuickTime 影片格式。

（1）声音导入 Flash 动画的方法如下所述。

① 新建一个 Flash 影片文档或者打开一个已有的 Flash 影片文档。

② 执行"文件"→"导入"→"导入到库"命令，弹出"导入到库"对话框，在对应的本地路径中选择要导入的声音文件，单击"打开"按钮，将声音导入，对话框界面如图 2-69 所示。

③ 等声音导入后，就可以在"库"面板中看到刚导入的声音文件，今后就可以像使用元件一样使用该声音对象了，界面如图 2-70 所示。

图 2-69　"导入到库"对话框　　　　　图 2-70　"库"面板中的声音文件

（2）将声音从外部导入 Flash 中以后，时间轴并没有发生任何变化。必须引用声音文件，声音对象才能出现在时间轴上，才能进一步应用声音。

① 将"图层 1"重新命名为"声音"，选择第 1 帧，然后将"库"面板中的声音对象拖放到场景中，效果如图 2-71 所示。

② "声音"图层第 1 帧出现一条短线，这是声音对象的波形起始，任意选择后面的某一帧，比如第 30 帧，按下 F5 键，就可以看到如图 2-72 所示的声音对象的波形。已经将声音引用到"声音"图层了。点击回车键，可以听到声音，按下快捷键 Ctrl+Enter，可以听到效果更为完整的声音。

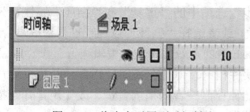

图 2-71　将声音引用到时间轴上　　　　图 2-72　图层上的声音

选择"声音"图层的第 1 帧，打开"属性"面板，可以发现"属性"面板中有很多设置和编辑声音对象的参数。面板中各参数的意义如下所述。

"声音"选项：从中可以选择要引用的声音对象，这也是另一个引用库中声音的方法。

"效果"选项：从中可以选择一些内置的声音效果，比如让声音淡入、淡出等效果。

"编辑"按钮：单击这个按钮可以进入到声音的编辑对话框中，对声音进行进一步的编辑。

"同步"：这里可以选择声音和动画同步的类型，默认的类型是"事件"类型。另外，还可以设置声音重复播放的次数。

(3) 引用到时间轴上的声音，往往还需要在声音的"属性"面板中对它进行适当的属性设置，才能更好地发挥声音的效果。下面详细介绍有关声音属性设置以及对声音进一步编辑的方法。

① "效果"选项。在时间轴上，选择包含声音文件的第一个帧，在声音"属性"面板中，打开"效果"菜单，可以用该菜单设置声音的效果。以下是对各种声音效果的解释。

- "无"：不对声音文件应用效果，选择此选项将删除以前应用过的效果。
- "左声道" / "右声道"：只在左或右声道中播放声音。
- "从左到右淡出" / "从右到左淡出"：会将声音从一个声道切换到另一个声道。
- "淡入"：会在声音的持续时间内逐渐增加其幅度。
- "淡出"：会在声音的持续时间内逐渐减小其幅度。
- "自定义"：可以使用"编辑封套"创建声音的淡入和淡出点。

② "同步"选项。打开如图 2-73 所示的"同步"菜单，可以设置"事件"、"开始"、"停止"和"数据流"四个同步选项。

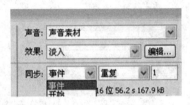

图 2-73　同步属性

- "事件"选项会将声音和一个事件的发生过程同步起来。事件与声音在它的起始关键帧开始显示时播放，并独立于时间轴播放完整的声音，即使 SWF 文件停止执行，声音也会继续播放。当播放发布的 SWF 文件时，事件与声音混合在一起。
- "开始"与"事件"选项的功能相近，但如果声音正在播放，使用"开始"选项则不会播放新的声音实例。
- "停止"选项将使指定的声音静音。
- "数据流"选项将强制动画和音频流同步。与事件声音不同，音频流随着 SWF 文件的停止而停止。而且，音频流的播放时间绝对不会比帧的播放时间长。当发布 SWF 文件时，音频流混合在一起。
- 通过"同步"弹出菜单还可以设置"同步"选项中的"重复"和"循环"属性，为"重复"输入一个值，以指定声音应循环的次数，或者选择"循环"以连续重复播放声音。

③ "编辑"按钮。单击该按钮可以利用 Flash 中的声音编辑控件编辑声音。虽然 Flash 处理声音的能力有限，无法与专业的声音处理软件相比，但是在 Flash 内部还是可以对声音做一些简单的编辑，实现一些常见的功能，比如控制声音的播放音量、改变声音开始播放和停止播放的位置等。编辑声音文件的具体操作如下所述。

在帧中添加声音，或选择一个已添加了声音的帧，然后打开"属性"面板，单击右边的"编辑"按钮，操作界面如图 2-74 所示。

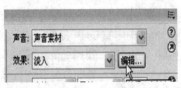

图 2-74　单击"编辑"按钮

此时，弹出如图 2-75 所示的 "编辑封套" 对话框。"编辑封套" 对话框分为上下两部分，上面的是左声道编辑窗口，下面的是右声道编辑窗口，在其中可以执行以下的操作。

图 2-75　"编辑封套" 对话框

　　• 要改变声音的起始和终止位置，可拖动 "编辑封套" 中的 "声音起点控制轴" 和 "声音终点控制轴"，如图 2-76 所示为调整声音的起始位置。

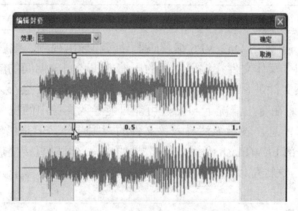

图 2-76　编辑声音的起始位置

　　• 在对话框中，白色的小方框成为节点，用鼠标上下拖动它们改变音量指示线垂直位置，可以调整音量的大小。音量指示线位置越高，声音越大。用鼠标单击编辑区，在单击处会增加节点，用鼠标拖动节点到编辑区的外边，单击 "放大" 按钮 或 "缩小" 按钮，可以改变窗口中显示声音的范围。倘若要在秒和帧之间切换时间单位，可单击 "秒" 和 "帧" 按钮。单击 "播放" 按钮，可以试听编辑后的声音。

　　2) 在 Flash 中应用视频

　　Flash 从 Flash MX 版本开始全面支持视频文件的导入和处理，Flash8 在视频处理功能上更是跃上一个新的高度。Flash 视频具备创造性的技术优势，允许把视频、数据、图形、声音和交互式控制融为一体，从而创造出引人入胜的丰富体验。

　　Flash 支持的视频类型会因电脑所安装的软件不同而不同，比如，如果机器上已经安装了 QuickTime 7 及其以上版本，则在导入嵌入视频时支持包括 MOV(QuickTime 影片)、AVI(音频视频交叉文件)和 MPG/MPEG(运动图像专家组文件)等格式的视频剪辑，具体支持的视频格式如表 2-1 所示。

表 2-1　Flash 支持的视频格式 1

文 件 类 型	扩 展 名
音频视频交叉	.avi
数字视频	.dv
运动图像专家组	.mpg、.mpeg
QuickTime 影片	.mov

如果系统安装了 DirectX 9 或更高版本，则在导入嵌入视频时支持如表 2-2 所示的视频文件格式。

表 2-2　Flash 支持的视频格式 2

文 件 类 型	扩 展 名
音频视频交叉	.avi
运动图像专家组	.mpg、.mpeg
Windows Media 文件	.wmv、.Asf

默认情况下，Flash 使用 On2 VP6 编解码器导入和导出视频。编解码器是一种压缩/解压缩算法，用于控制多媒体文件在编码期间的压缩方式和回放期间的解压缩方式。

如果导入的视频文件是系统不支持的文件格式，那么 Flash 会显示一条警告消息，表示无法完成该操作。而在有些情况下，Flash 可能只能导入文件中的视频，而无法导入音频，此时，也会显示警告消息，表示无法导入该文件的音频部分。但是仍然可以导入没有声音的视频。Flash8 对外部 FLV(Flash 专用视频格式)的支持，可以直接播放本地硬盘或者 Web 服务器上的.flv 文件。这样可以用有限的内存播放很长的视频文件，而不需要从服务器下载完整的文件。

> 讲解要点：
> 　　通过实际的操作体验，了解在 Flash 软件中插入音频、视频文件的基本流程。
> 实施关键点：
> 　　通过插入视频实例，理解如何插入音频、视频。

4. 任务实施

1) 插入音频

(1) 给按钮添加声效。Flash 动画最大的一个特点是交互性，交互按钮是 Flash 中重要的元素，如果给按钮加上合适的声效，一定能让作品增色不少。给按钮加上声效的步骤如下：

① 按照前面讲解的方法导入一个合适的声音文件。

② 打开"库"面板，用鼠标双击需要加上声效的按钮元件，这样就进入到这个按钮元件的编辑场景中，下面要将导入的声音加入到这个元件中。

③ 新插入一个图层，重新命名为"声效"。选择这个图层的第 2 帧，按 F7 键插入一个空白关键帧，然后将"库"面板中的按钮"声效"声音拖放到场景中，这样，"声效"

图层从第 2 帧开始出现了声音的声波线。

④ 打开"属性"面板，将"同步"选项设置为"事件"，并且重复 1 次。再测试一下动画，当鼠标移动到按钮上时，声效就出现了。这里必须将"同步"选项设置为"事件"，如果还是"数据流"同步类型，那么声效将听不到。

(2) 对文件中的声音进行压缩。Flash 动画在网络上流行的一个重要原因就是因为它的体积小，这是因为当输出动画时，Flash 会采用很好的方法对输出文件进行压缩，包括对文件中的声音的压缩。但是，如果对压缩比例要求很高，那么就应该直接在"库"面板中对导入的声音进行压缩了。在"库"面板中直接将声音"减肥"的具体操作方法如下：

① 双击"库"面板中的声音图标◀€，打开如图 2-77 所示的"声音属性"对话框。

在这个"声音属性"对话框中，可以对声音进行"压缩"。在"压缩"下拉菜单中有"默认"、"ADPCM"、"MP3"、"原始"和"语音"压缩模式，其界面如图 2-78 所示。其中，"MP3"压缩选项最为常用，也极具代表性，通过对它的学习可以帮助我们掌握其他压缩选项的设置。

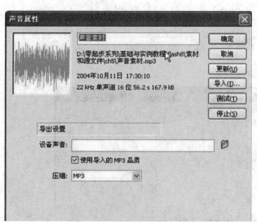

<table>
<tr><td>图 2-77　"声音属性"对话框</td><td>图 2-78　几种声音压缩模式</td></tr>
</table>

② 进行 MP3 压缩设置。如果要导出一个以 MP3 格式导入的文件，可以使用与导入时相同的设置来导出文件，在"声音属性"对话框中，从"压缩"菜单中选择"MP3"，选择"使用导入的 MP3 品质"复选框。切记这是一个默认的设置，如果不在"库"里对声音进行处理的话，声音将以这个设置导出。

如果不想使用与导入时相同的设置来导出文件，那么可以在"压缩"下拉菜单中选择"MP3"后，只要取消对"使用导入的 MP3 品质"复选框的选择，就可以重新设置 MP3 压缩设置了。

● 设置比特率。"比特率"选项可以确定导出的声音文件中每秒播放的位数。Flash 支持 8 kbps 到 160 kbps(恒定比特率)的比特率，具体参数如图 2-79 所示。

● 设置"预处理"选项。选择"将立体声转换为单声道"复选框，表示将混合立体声转换为单声(非立体声)。这里需要注意的是，"预处理"选项只有在选择的比特率为 20 kbps 或更高时才可用。

图 2-79　设置"比特率"

● 设置"品质"选项。选择下述"品质"选项之一,以确定压缩速度和声音品质。

"快速":压缩速度较快,但声音品质较低;

"中":压缩速度较慢,但声音品质较高;

"最佳":压缩速度最慢,但声音品质最高。

③ 进行压缩测试。在"声音属性"对话框里,单击"测试"按钮,播放声音一次。如果要在结束播放之前停止测试,可单击"停止"按钮。如果感觉已经获得了理想的声音品质,就可以单击"确定"按钮了。

除了采用比特率和压缩外,还可以使用下面几种方法在文档中有效地使用声音并减小文件的大小:设置切入和切出点,避免静音区域保存在 Flash 文件中,从而减小声音文件的大小;通过在不同的关键帧上应用不同的声音效果(例如音量封套、循环播放和切入/切出点),从同一声音中获得更多的变化,即只使用一个声音文件就可以得到许多声音效果;循环播放短声音,作为背景音乐。

2) 插入视频

下面通过实际操作介绍将视频剪辑导入为 Flash 中的嵌入文件的方法。

(1) 新建一个 Flash 影片文档。

(2) 选择"文件"→"导入"→"导入视频"命令,弹出如图 2-80 所示的 "导入视频"向导对话框。

图 2-80　"导入视频"向导对话框

(3) 在"文件路径"后面的文本框中输入要导入的视频文件的本地路径和文件名,或者单击后面的"浏览"按钮,弹出如图 2-81 所示的"打开"对话框,在其中选择要导入的视频文件。

单击"打开"按钮,这样"文件路径"后面的文本框中自动出现要导入的视频文件路径。

图 2-81　"打开"对话框

(4) 单击"下一个"按钮，出现如图 2-82 所示的"部署"向导窗口。

图 2-82　"部署"向导窗口

这个窗口中有一个"您希望如何部署视频？"的选项，其中有 5 个单选项。这里选择"在 SWF 中嵌入视频并在时间轴上播放"选项。选择这种方式，视频文件将直接嵌入到影片中。

这里，由于导入的视频文件格式不是 QuickTime 影片，所以"用于发布到 QuickTime 的已链接的 QuickTime 视频"这个单选项呈灰色显示，不可用。

(5) 单击"下一个"按钮，出现如图 2-83 示的"嵌入"向导窗口。

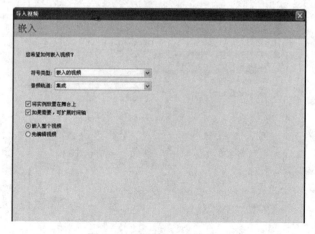

图 2-83　"嵌入"向导窗口

在这个向导窗口中，"符号类型"下拉列表中包括"嵌入的视频"、"影片剪辑"、"图形"。

嵌入到时间轴最常见的选择是将视频剪辑作为嵌入的视频集成到时间轴。如果要使用在时间轴上线性回放的视频剪辑，那么最合适的方法就是将该视频导入到时间轴。

嵌入为影片剪辑使用嵌入的视频时，最佳的做法是将视频放置在影片剪辑实例内，因为这样可以更好地控制该内容。视频的时间轴独立于主时间轴进行播放。

将视频剪辑嵌入为图形元件，意味着将无法使用 ActionScript 与该视频进行交互。通常，图形元件用于静态图像以及用于创建一些绑定到主时间轴的可重用的动画片段。因此，很少会将视频嵌入为图形元件。

另外，在"嵌入"窗口中，还可以选择是否"将实例放置在舞台上"，如果不选择，那么将存放在库中。选择"如果需要，可扩展时间轴"这个选项以后，可以自动扩展时间轴以满足视频长度的要求。这里保持默认设置，不做任何改动。

(6) 单击"下一个"按钮，出现如图 2-84 所示的"编码"向导窗口。

图 2-84 "编码"向导窗口

在这个窗口中，有一个"请选择一个 Flash 视频编码配置文件"下拉列表，在其中可以选择一个视频编码配置文件。另外，单击"显示高级设置"按钮，可以更进一步地设置视频编码配置。这里保持默认设置，不做任何改动。

(7) 单击"下一个"按钮，出现如图 2-85 所示的"完成视频导入"向导窗口。

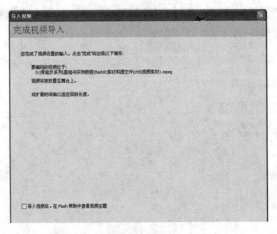

图 2-85 "完成视频导入"向导窗口

这里会显示一些提示信息。单击"结束"按钮，将会出现如图 2-86 所示的导入进度窗口。

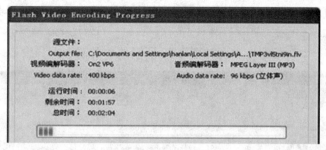

图 2-86　导入进度

进度完成以后，视频就被导入到了舞台上，按下 Enter 键可以播放视频效果。

另外，在 Flash 8 中还可以给视频加上滤镜效果。具体操作如下：

(1) 选择舞台上的视频，执行"修改"→"转换为元件"命令，将其转换为影片剪辑元件。

(2) 展开"滤镜"面板，单击"十"按钮，在弹出的菜单中选择"模糊"滤镜，设置参数。

(3) 按 Ctrl+Enter 键测试影片，视频被加上模糊滤镜后呈现另一种效果。

除了将视频嵌入到 SWF 文件中进行应用外，还可以使用渐进式下载播放外部视频功能。渐进式下载是将外部 FLV 文件加载到 SWF 文件中，并在运行时回放。

与嵌入的视频相比，渐进式下载有如下优势。

第一，创作过程中，只需发布 SWF 界面，即可预览或测试 Flash 的部分或全部内容。从而更快速地预览，缩短重复试验的时间。

第二，运行时，视频文件从计算机磁盘驱动器加载到 SWF 文件上，并且没有文件大小和持续时间的限制。不存在音频同步的问题，也没有内存限制。

第三，视频文件的帧频可以不同于 SWF 文件的帧频，从而能更灵活地创作影片。

在制作渐进式下载播放外部视频影片时，可以导入已部署到 Web 服务器上的视频文件，也可以选择存储在本地计算机上的视频文件，导入到 FLV 文件后再将其上载到服务器上。

下面通过具体操作进行讲解。

(1) 新建一个 Flash 影片。文档属性保持默认设置。

(2) 选择"文件"→"导入"→"导入视频"命令，弹出如图 2-87 所示的 "导入视频"向导窗口。

图 2-87　"导入视频"向导窗口

(3) 在"文件路径"后面单击"浏览"按钮，弹出"打开"对话框，在其中选择要导入的视频文件。

　　(4) 单击"打开"按钮，"文件路径"后面的文本框中自动出现要导入的视频文件路径。

　　(5) 单击"下一个"按钮，出现如图 2-88 所示的"部署"向导窗口。

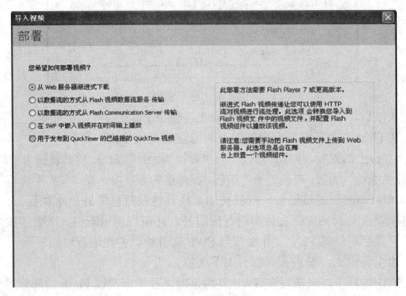

图 2-88　"部署"向导窗口

　　(6) 选择"从 Web 服务器渐进式下载"单选按钮，然后单击"下一个"按钮，出现如图 2-89 所示的"编码"向导窗口。

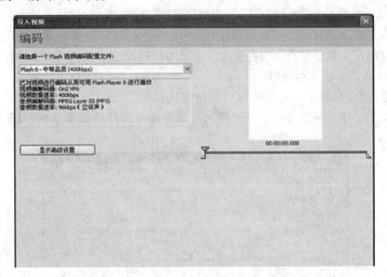

图 2-89　"编码"向导窗口

　　(7) 直接单击"下一个"按钮，出现如图 2-90 所示的"外观"向导窗口。

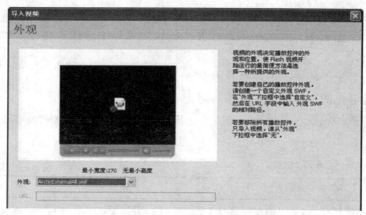

图 2-90　"外观"向导窗口

在这个向导窗口中可以选择播放视频文件的播放器外观。在"外观"下拉列表框中有许多默认的播放器外观可供选择，任意选择一个，然后单击"下一个"按钮。

(8) 出现窗口后，单击"结束"按钮，弹出一个"另存为"对话框，在其中输入要保存的文件名，并选择保存的路径。

(9) 单击"保存"按钮，经过一定的导入进度提示后，就完成了操作。舞台上出现先前所选择的视频播放器。

(10) 按 Ctrl + Enter 键测试影片，可以在播放器的支持下对视频进行播放，播放界面如图 2-91 所示。保存文件后，在"资源浏览器"窗口中查看文件，可以发现保存影片的文件夹下对应这个影片有 4 个文件：播放视频.fla(影片源文件)，播放视频.swf(影片播放文件)，视频素材 2.flv(外部视频，这是在制作过程中自动通过对原来的视频文件的转换得到的 FLV 视频文件)，ArcticExternalAll.swf(播放器外观组件影片)。

图 2-91　测试影片

3) 导出 FLV 视频文件

FLV 视频文件是 Flash 的专用视频格式。如果想将其他格式的视频文件转换为 FLV 格式，可以先将视频导入 Flash 中，然后再将视频导出为 FLV 视频文件。具体操作步骤如下所述。

(1) 先将视频文件导入到 Flash 库中。

(2) 在"库"面板中，右击视频，在弹出的快捷菜单中选择"属性"命令，弹出"视频属性"对话框。

(3) 单击"导出"按钮，出现"导出 FLV"对话框。

(4) 输入要导出的视频文件名，然后单击"保持"按钮即可。

(5) 关闭"视频属性"对话框。

5. 任务测评

按下表所示内容进行任务测评。

序号	测 评 内 容	测评结果	备 注
1	是否掌握在 Flash 中插入音频的方法	好、中、及格	
2	是否掌握在 Flash 中插入视频的方法	好、中、及格	
3	是否会制作任务中实例	好、中、及格	

6. 课后练习

(1) 在一个 Flash 中插入一段音频文件。

(2) 在一个 Flash 中插入一段视频文件。

2.4.3　任务 2　制作可移动图片文件

1. 任务描述

通过案例学习 Flash 图片动画的制作方法，提高 Flash 动画制作水平。任务中制作的动画运行时，自动将外部的 5 张动物图像加载到 Flash 影片中，它们成层次叠放在一起，用鼠标单击任意一张图像，这张图像就显示在最前面，并且用鼠标还可以拖动它放在任意的位置，效果如图 2-92 所示。

图 2-92　实例效果

2. 教学组织

首先展示项目案例，然后说明该 Flash 的制作原理，接着是讲授 Flash 的构成。在讲授核心构成的时候，可以采用对比教学吸引学生参与课堂活动，具体步骤如下所述。

1) 回顾和作业讲解(10 分钟)

课程回顾教学中，可以采取课堂设问和提问教学，并且根据学生情况对上次课程中的关键内容提取关键字，通过这些关键字引导学生回顾复习。

关键字如下：行为面板，音频，视频。

2) 案例演示(5 分钟)

案例演示采用课堂设问和提问教学法引导学生思考进行教学。

3) 技术讲解(40 分钟)

在技术讲解教学中，将学员进行分组，可采用快速阅读法、头脑风暴法、旋转木马法和对比教学进行教学和学习，每一部分的讲解应该配合验证案例，主要内容包括行为面板、音频编辑和视频编辑。

4) 典型示例解读(30 分钟)

在示例讲解中，建议采用任务分解法和课堂陷阱教学法，并且注意使用课堂设问和提问。

5) 现场制作(40 分钟)

在现场制作中，采用分组教学法和现场制作教学法进行现场制作。

6) 总结和作业(10 分钟)

学员分组对现场完成的案例进行自我评价，教师进行总结，重点对一些共性的错误进行分析，并布置课后作业。

3. 关键知识点

1) 行为和行为面板

在 Flash MX 2004 中，行为是预先编写的"动作脚本"，可以将动作脚本编码的强大功能、控制能力和灵活性添加到 Flash 文档中，而不必自己创建动作脚本代码。

在 Flash 文档中添加行为是通过"行为"面板来实现的。默认情况下，"行为"面板组合在 Flash 窗口右边的浮动面板组中。执行"窗口"→"开发面板"→"行为"命令可以开启和隐藏"行为"面板，"行为"面板如图 2-93 所示。

图 2-93　"行为"面板

单击"行为"面板左上角的小三角可以折叠和展开面板。"行为"面板上方有一排功能按钮，主要包括：

(1) "添加行为"按钮：单击这个按钮可以弹出一个包括很多行为的下拉菜单，在下拉菜单中可以选择所需要添加的具体行为。

(2) "删除行为"按钮：单击这个按钮可以将所选中的行为删除。

(3) "上移"按钮：单击这个按钮可以将选中的行为向上移动位置。

(4) "下移"按钮：单击这个按钮可以将选中的行为向下移动位置。

"行为"面板下方是显示行为的窗口，它包括两列内容，左边显示的是"事件"，右边显示的是"动作"。

另外，"行为"面板右上角有一个下拉菜单，其中包括"关闭面板"、"最大化面板"等命令。

在"行为"面板中，有一类行为是专门用来控制影片剪辑实例的，这类行为种类比较多，利用它们可以实现改变影片剪辑实例叠放层次以及加载、卸载、播放、停止、复制或拖动影片剪辑等功能。

在如图 2-94 所示的"行为"面板中，单击"添加行为"按钮，在弹出的下拉菜单中指向"影片剪辑"项，则弹出包括这些行为的菜单。表 2-3 详细列出了这些行为的功能和使用方法。

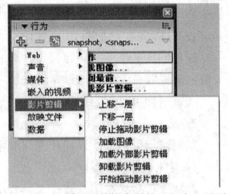

图 2-94　控制影片剪辑实例的"行为"界面

表 2-3　行　　为

行　　为	功　　能	选择/输入
上移一层	将目标影片剪辑或屏幕在堆叠顺序中上移一层	影片剪辑或屏幕的实例名称
下移一层	将目标影片剪辑或屏幕在堆叠顺序中下移一层	影片剪辑或屏幕的实例名称
停止拖动影片剪辑	停止当前的拖动操作	
加载图像	将外部 JPEG 文件加载到影片剪辑或屏幕中	JPEG 文件的路径和文件名，接收图形的影片剪辑或屏幕的实例名称
加载外部影片剪辑	将外部 SWF 文件加载到目标影片剪辑或屏幕中	外部 SWF 文件的 URL，接收 SWF 文件的影片剪辑或屏幕的实例名称
卸载影片剪辑	删除使用"加载影片"行为或动作加载的 SWF 文件	要卸载的影片剪辑或屏幕的实例名称
开始拖动影片剪辑	开始拖动影片剪辑	影片剪辑或屏幕的实例名称
移到最前	将目标影片剪辑或屏幕移到堆叠顺序的顶部	影片剪辑或屏幕的实例名称
移到最后	将目标影片剪辑移到堆叠顺序的底部	影片剪辑或屏幕的实例名称
转到帧或标签并在该处停止	停止影片剪辑，并根据需要将播放头移到某个特定帧	要停止的目标剪辑的实例名称，要停止的帧号或标签
转到帧或标签并在该处播放	从特定帧播放影片剪辑	要播放的目标剪辑的实例名称，要播放的帧号或标签
重制影片剪辑	重制影片剪辑或屏幕	要重制的影片剪辑的实例名称，从原本到副本的 X 轴及 Y 轴偏移像素数

2) 控制视频播放的行为

视频行为提供一种方法控制视频的回放。视频行为可以播放、停止、暂停、后退、快进、显示及隐藏视频剪辑。

在"行为"面板中,单击"添加行为"按钮,在弹出的下拉菜单中指向"嵌入的视频"项,则弹出包括控制视频的行为菜单,界面如图 2-95 所示。

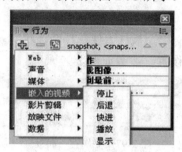

图 2-95   控制视频的"行为"界面

表 2-4 详细列出了这些行为的功能和使用方法。

表 2-4   行为的功能和使用方法

行　为	目　的	参　数
播放视频	在当前文档中播放视频	目标视频实例名称
停止视频	停止该视频	目标视频实例名称
暂停视频	暂停该视频	目标视频实例名称
后退视频	按指定的帧数后退视频	目标视频实例名称,帧数
快进视频	按指定的帧数快进视频	目标视频实例名称,帧数
隐藏视频	隐藏该视频	目标视频实例名称
显示视频	显示视频	目标视频实例名称

3) 控制声音播放的行为

在"行为"面板中,单击"添加行为"按钮,在弹出的下拉菜单中指向"声音"项,则弹出包括控制声音的行为菜单,如图 2-96 所示。

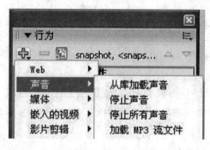

图 2-96   控制声音的"行为"界面

控制声音的行为比较容易理解,利用它们可以实现播放、停止声音以及加载外部声音、从"库"中加载声音等功能。

讲解要点:
采用 3W1H 教学法,课堂陷阱教学法。
实施关键点:
课堂检验案例。

4. 任务实施

1) 创建动画界面

步骤 1：创建文档。

在 Flash 中新建一个影片文档，执行"保存"命令将其保存为"行为应用实例.fla"文件。保持影片文档的默认属性设置，参数如图 2-97 所示。

图 2-97 "属性"面板

步骤 2：创建动画背景和标题。

新建一个图层，并将两个图层分别重新命名为"背景"和"标题"。然后用"绘图工具栏"中的工具分别在这两个图层上创建动画的背景和标题，效果如图 2-98 所示。

图 2-98 动画背景和标题界面

2) 创建元件

步骤 1：制作"图像显示区"MC 元件。

新建一个名字为"图像显示区"的 MC 元件，在这个元件的编辑场景用"矩形工具"绘制一个深灰色的矩形图形。

说明：这个矩形图形的尺寸要和将要加载的外部图像的尺寸一样，这样才可以保证将加载的图像完美显示出来。本例提供了 5 张 JPG 格式的动画图片，它们的尺寸已经被统一处理为 288×209 像素。

步骤 2：制作"图像显示框"MC 元件。

再新建一个名字为"图像显示框"的 MC 元件。在这个元件的编辑场景中，新建一个图层，并将两个图层重新分别命名为"边框"和"显示区"。在"边框"图层上，用"矩形工具"绘制一个黑色边线、白色填充的矩形图形，尺寸设为 308×224 像素。在"显示区"上，将"库"面板中的"图像显示区"MC 元件拖放到白色矩形图像上面，调整图形，最终效果如图 2-99 所示。

在"显示区"图层上，选择"图像显示区"MC 元件的实例，在"属性"面板中定义它的实例名为"photo"。

图 2-99　"图像显示框" MC 元件效果

3) 引用元件

步骤 1：布局元件。

返回到"Scene 1"，在"标题"图层上插入一个新图层，并重新命名为"图像"。在这个图层上，从"库"面板中拖放"图像显示框" MC 元件到舞台上，共得到 5 个实例，将它们整齐叠放在一起，效果如图 2-100 所示。

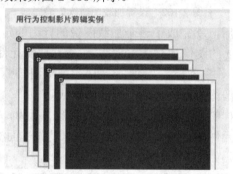

图 2-100　布局元件位置图

步骤 2：定义实例名称。

在"属性"面板中，分别定义舞台上这 5 个 MC 元件实例的名称为："snapshot 1"、"snapshot 2"、"snapshot 3"、"snapshot 4"、"snapshot 5"。

4) 设置行为

步骤 1：设置"action"图层第 1 帧的行为。

在"图像"图层上新建一个图层，并重新命名为"action"。选择这个图层的第 1 帧，打开"行为"面板，选择"添加行为"→"影片剪辑"→"加载图像"命令，操作界面如图 2-101 所示。

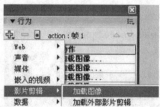

图 2-101　选择"加载图像"行为界面

说明：当设置某个关键帧上的行为时，"影片剪辑"行为类别中仅显示 4 个行为。

单击"加载图像"行为以后，弹出"加载图像"行为设置对话框，在其中的"输入要加载的.JPG 文件的 URL"文本框中，输入 image1.jpg。在"选择要将该图像载入到那个影片剪辑"窗口中，选择"snapshot1"→"photo"，操作界面如图 2-102 所示。

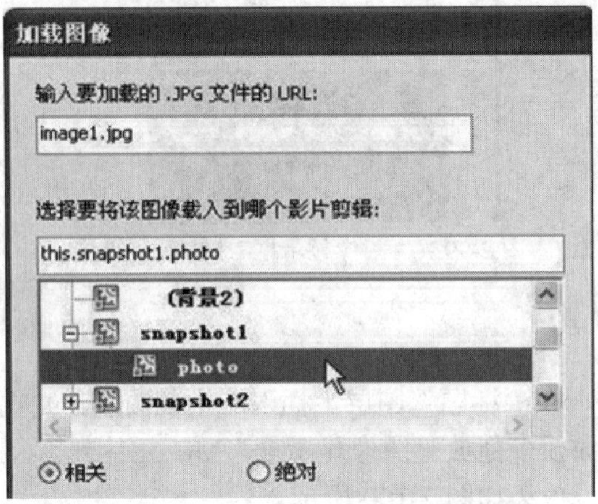

图 2-102　设置加载图像行为界面

单击"确定"按钮以后，就完成了一个加载图像的行为的定义。这个行为的定义实现了将一个名字为 image1.jpg 的图像加载到 snapshot1 影片剪辑元件中的 photo 元件上。

这时按 F9 键打开"动作"面板，"动作"面板中自动出现了一些动作脚本代码，这些就是通过前面定义加载图像行为系统自动产生的脚本代码。

参考以上步骤，用同样的方法再定义 4 个加载图像的行为，以实现将另外 4 个外部图像加载到相应的影片剪辑元件的目的。完成以后，在"动作"面板中自动生成了"action"图层第 1 帧的动作脚本代码如下：

```
//load Graphic Behavior
    this.snapshot5.photo.loadMovie("image5.jpg");
    //End Behavior
    //load Graphic Behavior
    this.snapshot4.photo.loadMovie("image4.jpg");
    //End Behavior
    //load Graphic Behavior
    this.snapshot3.photo.loadMovie("image3.jpg");
    //End Behavior
    //load Graphic Behavior
    this.snapshot2.photo.loadMovie("image2.jpg");
    //End Behavior
    //load Graphic Behavior
    this.snapshot1.photo.loadMovie("image1.jpg");
    //End Behavior
```

步骤 2：设置"图像显示框"MC 实例的行为。

先定义施加到 MC 实例 snapshot1 上的第 1 个行为。选择名字为 snapshot1 的 MC 实例，在"行为"面板中，选择"添加行为"→"影片剪辑"→"开始拖动影片剪辑"命令，操作界面如图 2-103 所示。

图 2-103　选择"开始拖动影片剪辑"行为界面

单击"开始拖动影片剪辑"行为以后，弹出"开始拖动影片剪辑"对话框，在其中选择窗口列表中的"snapshot1"实例名，操作界面如图 2-104 所示。

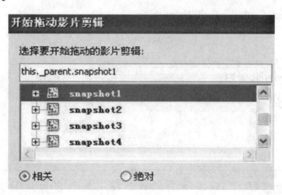

图 2-104　设置"开始拖动影片剪辑"行为界面

单击"确定"按钮以后，完成"开始拖动影片剪辑"对话框中的设置。返回到"行为"面板，单击"事件"右边的小三角按钮弹出下拉列表菜单，选择其中的"按下时"事件。

说明： 当定义按钮、影片剪辑的行为时，系统默认的事件类型是"释放时"，如果更改事件类型，可以按照上面的步骤操作。

下面继续定义施加到 MC 实例 snapshot1 上的第 2 个行为。保持 MC 实例 snapshot1 处在选中状态，在"行为"面板中，选择"添加行为"→"影片剪辑"→"移到最前"命令，弹出"移到最前"对话框，直接单击"确定"按钮即可。

接着按照同样的方法，将"释放时"事件更改为"按下时"事件。

最后定义施加到 MC 实例 snapshot1 上的第 3 个行为。保持 MC 实例 snapshot1 处在选中状态，在"行为"面板中，选择"添加行为"→"影片剪辑"→"停止拖动影片剪辑"命令，弹出"停止拖动影片剪辑"对话框，直接单击"确定"按钮即可。

施加到 MC 实例 snapshot1 上的 3 个行为定义完成以后，"行为"面板的效果如图 2-105 所示。

图 2-105　snapshot1 上的 3 个行为

这时按下 F9 键打开"动作"面板，可以看到自动生成的脚本代码如下：

```
on (press) {
//Start Dragging Movieclip Behavior
startDrag(this);
//End Behavior
//Bring to Front Behavior
mx.behaviors.DepthControl.bringToFront(this);
//End Behavior
         }
on (release) {
//Stop Dragging Movieclip Behavior
stopDrag();
//End Behavior
     }
```

以上动作脚本的功能是，当鼠标单击名字为 snapshot1 的影片剪辑实例时，它被移动到最前面显示，并且拖动鼠标可以将它放在任意的位置，到合适位置松开鼠标停止拖动。

按照以上的步骤，再分别定义另外 4 个 MC 实例的行为，施加到每个 MC 实例上的行为也是 3 个，并且和施加到 snapshot1 上的一样。

至此，实例制作完成。最后需要说明的是，需要加载的图像文件一定要和实例 Flash 文件放在同一个文件夹下，这样才能保证本实例加载图像成功。

5. 任务测评

按下表所示内容进行任务测评。

序号	测 评 内 容	测 评 结 果	备 注
1	掌握 Flash 中图片的使用方法	好、中、及格	
2	掌握基本动作代码	好、中、及格	
3	会制作任务中实例	好、中、及格	

6. 课后练习

　　自动将外部的 9 张图像加载到 Flash 影片中，使它们成层次叠放在一起，用鼠标单击任意一张图像，这张图像就显示在最前面，并且用鼠标还可以拖动它放在任意的位置。

模块 3 Photoshop 图像处理技术

计算机图像处理模块主要学习 Photoshop 的基本操作方法与应用技巧，并学会简单的计算机图像制作。本模块主要包括三个项目案例，共 24 课时。

3.1 教 学 设 计

本模块的教学内容如下表所述。

	项 目 名 称	课时分配(学时)
模块内容	项目 1：制作简单海报	8
	项目 2：标志设计与特效制作	8
	项目 3：海报招贴设计制作	8
学习目的	(1) 能掌握计算机图像制作的基本概念； (2) 能熟练掌握常用工具的使用方法； (3) 能完成简单的图像制作	
教学活动组织	本模块采用理实一体教学，在计算机实训室授课，每堂课主要由以下部分组成： (1) 课程目标和课程案例演示(每个项目案例的开始部分的案例演示)； (2) 课程回顾； (3) 本项目的任务； (4) 知识(技能)讲解； (5) 知识技能小结； (6) 任务描述； (7) 现场制作练习； (8) 任务讲解和小结； (9) 总结和布置作业	
教学方法	(1) 基本教学方法：3W1H 教学方法，课堂设问和提问	
	(2) 进阶教学方法：对比教学方法，现场操作教学方法，快速阅读法，头脑风暴法	
	(3) 高级教学技巧：课堂陷阱教学法	

续表

	项目名称	阶段	评价要点
效果评价	项目 1 制作简单海报	项目准备	(1) 了解 Photoshop 的功能及作用； (2) 了解 Photoshop 中图层的概念； (3) 了解 Photoshop 中选区的概念
		项目实施	(1) 任务案例的分析能力； (2) 图层的使用情况； (3) 选区的使用情况
		项目展示	(1) 整体项目任务的完成情况； (2) 项目任务的创新性
效果评价	项目 2 标志设计与特效制作	项目准备	(1) 了解图层顺序的排列； (2) 了解文字工具的使用
		项目实施	(1) 任务案例的分析能力； (2) 文字工具的使用和编辑情况； (3) 图层混合模式的应用情况； (4) 滤镜的使用情况
		项目展示	(1) 整体项目任务的完成情况； (2) 项目任务的创新性
	项目 3 海报招贴设计制作	项目准备	(1) 了解图层样式的使用； (2) 了解形状路径工具的使用； (3) 了解图像调色的方法； (4) 了解画笔工具的使用
		项目实施	(1) 任务案例的分析能力； (2) 图层样式应用情况； (3) 形状路径工具使用情况； (4) 画笔工具使用情况
		项目展示	(1) 整体项目任务的完成情况； (2) 项目任务的创新性

3.2　项目 1——制作简单海报

3.2.1　项目介绍

本项目的具体内容见下表。

项目描述	通过"制作简单海报"项目案例，让学员了解学习 Photoshop 的功能、图像制作的思维方法，掌握图像处理的一些基本制作步骤	
项目内容	任务 1　完成酒类海报制作	240 分钟
	任务 2　完成简单海报制作	240 分钟

3.2.2　任务 1　酒类海报的制作

1. 任务描述

使用 Photoshop 软件中的图层概念和选区工具制作，完成如图 3-1 所示效果。

图 3-1　酒类海报效果

2. 教学组织

通过展示任务案例，引入说明 Photoshop 与传统图像制作工具的不同，讲授 Photoshop 的基本制作思路。在讲授图层概念时，可以采用对比教学吸引学生参与课堂活动，具体组织如下所述(共计 240 分钟)。

1) 案例演示(20 分钟)

采用课堂设问和提问教学法，引导学员在案例演示过程中进行思考，以加深其对案例的了解。

2) 核心知识点学习(120 分钟)

可采用快速阅读法、头脑风暴法、旋转木马法和对比教学法进行教学，同时，每一部分教学配合演示操作，主要内容包括 Photoshop 的基本概念、图层的概念与作用和常用工具的使用。

3) 典型示例解读(40 分钟)

建议采用任务分解法和课堂陷阱教学法对典型示例进行解读。注意使用课堂设问和提问。

4) 现场制作(50 分钟)

采用分组教学法和现场操作教学法进行现场制作。

5) 自我评价、总结和作业布置(10 分钟)

学员对完成的任务案例进行自我评价及相互评价，教师进行总结，重点对一些共性的错误进行分析，并布置课后作业。

3. 关键知识点

1) 位图与矢量图的对比

在计算机绘图领域中，根据成图原理和绘制方法的不同，图像分为矢量图和位图两种类型。

位图图像也称为点阵图或栅格图像，它由许多点组成，这些点被称为像素，当把位图图像放大到一定程度显示时，计算机屏幕上可以看到很多方形小色块，这就是组成图像的像素，位图图像存储的是每个像素的位置和色彩信息，像素点的多少将决定位图图像的显示质量和文件大小，位图图像的分辨率越高，其显示越清晰，文件所占的空间也就越大。因此位图图像可以精确、细腻地表达丰富的图像色彩。

矢量图又称向量图，它用数学的矢量方式来记录图像内容，其基本组成单元是锚点和路径。由于矢量图不是由像素构成，是由一个个单独的点构成的，并且每一个点都有其各自的属性，如位置、颜色等，而保存图像信息的方法也与分辨率无关，所以矢量图缩放后不会影响清晰度和光滑度，图形不会产生失真效果。而且矢量图文件所占的磁盘空间也很小，非常适合网络传输。

在 Photoshop 计算机图像制作过程中，两种图像都有可能使用。

2) 图层的使用

图层是 Photoshop 的灵魂，使用 Photoshop 制作的图像都是由图层合成的。所以，深刻地理解图层，对于利用 Photoshop 制作和处理图像是非常关键的。

对于图层最形象的理解，可以把它想象为一张张的透明纸，透过上面的图层可以看到底下的图层。通过更改图层的顺序和属性，可以改变图像的合成，使用图层的最大好处是，可以在不影响图像中其他图形元素的情况下处理某一图形元素，对图层的概念、理解如图 3-2 所示。

图 3-2　图层的概念

下面介绍如何使用图层。

(1) 打开"图层"调板。

(2) 创建图层和组。

在处理图像的过程中，可能需要创建许多图层，为了便于管理这些图层，Photoshop 引进了类似 Windows 下文件夹的图层组，它可以组织和管理图层。使用图层组可以将多个图层作为一个组移动。单击"图层"调板中的"创建图层"按钮或"创建新组"按钮，便可完成图层或组的创建。

(3) 选择图层。

方法 1：在"图层"调板中单击图层，可选择某一个图层。

方法 2：先单击第一个图层，然后按住 Shift 键单击最后一个图层，可选择多个连续的图层；按住 Ctrl 键在"图层"调板中单击这些图层，可选择多个非连续图层，再次单击可取消图层的选择。

方法 3：选择"移动工具"，在选项栏中选中"自动选择图层"复选框，然后在文档中单击要选择的图层内容，或使用"移动工具"圈选多个图像，就可以将这些图像所在的图层选中。

(4) 对齐和分布图层。

使用"移动工具"的选项栏可以将链接后的图层和组中的内容对齐，还可以使用"图层"菜单中的命令对齐和分布图层内容。

注意：对齐和分布命令只影响所含像素的不透明度大于 50%的图层。

(5) 链接图层。

与同时选定的多个图层不同，链接图层将保持关联，直至取消它们的链接为止。可以将链接的图层同时移动、应用变换以及创建剪贴蒙版。

4. 任务实施

(1) 展示酒类海报制作最终效果及素材，效果如图 3-3 所示。

(2) 结合图层的概念对图层进行整体分析，效果如图 3-4 所示。

图 3-3　酒类海报最终效果

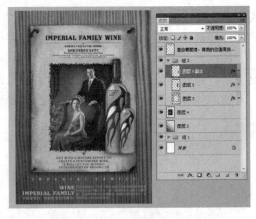

图 3-4　酒类海报图层内容分析

(3) 完成图像中对象的插入，效果如图 3-5 所示。

图 3-5　插入对象效果

（4）完成整体画面内容的制作，效果如图 3-6 所示。

（5）添加编辑好的文字对象，效果如图 3-7 所示。

图 3-6　添加辅助图效果

图 3-7　添加文字素材效果

5. 任务测评

按下表所示内容进行任务测评。

序号	测 评 内 容	测 评 结 果	备　注
1	是否掌握 Photoshop 的基本理论	好、中、及格	
2	是否掌握图层的功能与使用	好、中、及格	
3	是否掌握基本工具的使用	好、中、及格	
4	任务案例完成情况	好、中、及格	

3.2.3　任务 2　简单海报的制作

1. 任务描述

结合前面知识内容的练习，要求学生使用提供的素材图片完成如图 3-8 所示效果的海报设计。

图 3-8　简单海报效果

2. 教学组织

通过展示任务案例，引入说明 Photoshop 的简单制作思路。在讲授任务案例的一些步骤时，可以采用对比教学吸引学生参与课堂活动，具体组织如下所述(共计 240 分钟)。

1) 案例演示(20 分钟)

采用课堂设问和提问教学法，引导学员在案例演示过程中进行思考，加深对案例的了解。

2) 核心知识点学习(120 分钟)

可采用快速阅读法、头脑风暴法、旋转木马法和对比教学法进行教学，同时，每一部分教学配合操作演示，主要内容包括选区工具的使用和编辑。

3) 典型示例解读(40 分钟)

建议采用任务分解法和课堂陷阱教学法对典型示例进行解读。注意使用课堂设问和提问。

4) 现场制作(50 分钟)

采用分组教学法和现场操作教学法进行现场制作。

5) 自我评价、总结和作业布置(10 分钟)

学员对现场完成的案例进行自我评价及相互评价，教师进行总结，重点对一些共性的错误进行分析，并布置课后作业。

3. 关键知识点

1) 选区的创建

在进行图像处理时，与图像处理关系比较密切的一项工作就是区域选择。选区从某种意义上说比较类似于一个国家的边境线，在圈定范围后就只能对界限范围内的图像进行处理。利用选择工具可以创建单一选区、复合选区。同时，利用对选择工具的设置可以编辑选区、移动选区、羽化和消除锯齿、存储和载入选区，对选区内容进行处理等。总之，选区的使用方法是图像处理的基础，也是极其重要的内容。选区的使用如图 3-9 所示。

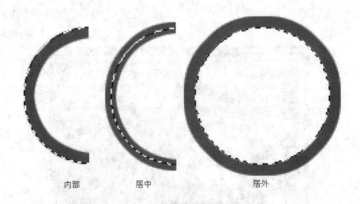

内部　　　　　居中　　　　　居外

图 3-9　选区的使用

(1) 选区工具。使用工具箱中的"选框工具"(选择矩形选框、椭圆选框、圆角矩形选框以及宽度为 1 个像素的单行选框、单列选框)可以选择方形、圆形以及横线(单位像素)、竖线区域。

(2) 套索工具。使用"套索工具"、"多边形套索工具"和"磁性套索工具"可以选择曲线区域，特别是使用"磁性套索工具"可以沿颜色变化比较大的图像边缘选取。

(3) 使用"快速选择工具"和"魔棒工具"。"快速选择工具"和"魔棒工具"都可以用于快速创建选区。使用"快速选择工具"利用可调整的圆形画笔笔尖快速"绘制"选区。拖动时，选区会向外扩展并自动查找和跟随图像中定义的边缘。

(4) 用"色彩范围"命令创建选区。Photoshop 中提供了一个选择区域的菜单命令"色彩范围"命令，使用该命令可以选择现有选区或整个图像内指定的颜色或颜色子集。如果想替换选区，则在应用此命令前确认已取消选择的所有内容。

2) 选区的编辑

(1) 移动选区。使用任何一种选择工具，将指针放在选区边框内，就可以拖移边框。

(2) 增减选区范围。如果需要的图像是由几部分组成的，则可使用选择工具添加选区范围或是减少选区范围。建立选区后，配合工具属性栏中的选项选区相加、选区相减和选区交叉，完成选区的增减和交叉。

(3) 选择范围的旋转、翻转和自由变形。选区是可以进行放大和缩小的，但不能进行形状的改变。这里的修改只是修改选区，对画布并没有任何影响。

在选区建立完毕后，执行"选择"→"变换选区"(Ctrl+T)命令，就可以对选区进行手动调整缩放，可通过拖移手柄(选区四周的 8 个空心点)对选区进行调整。

4. 任务实施

(1) 新建一个空白的文件。如图 3-10 所示进行参数设置，以创建新的文档。

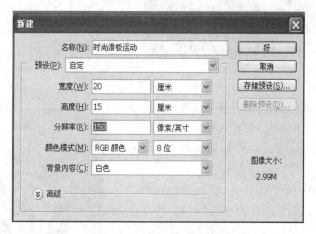

图 3-10　创建文档参数

(2) 制作背景。选择"渐变工具"→"线性渐变"命令，打开"渐变编辑器"，设置起始颜色为黄色"R 255、G 241、B 0"，结束颜色为洋红色"R 238、G 2、B 128"，效果如图 3-11，然后填充其到"背景"图层上。

(3) 导入素材。将文件夹项目 1 中的"人物.psd"和"背景图像.psd"导入到 Photoshop 中，并使用移动工具将对象导入到之前所填充好的文档中，将"人物"图层放置于最上方，效果如图 3-12 所示。

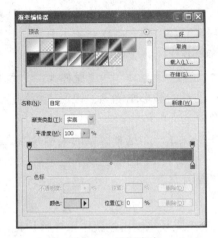

图 3-11　设置渐变

图 3-12　添加渐变效果

(4) 制作装饰圆环。新建图层(圆环 01)，选择"椭圆选区工具"，勾选"消除锯齿"，按住 Shift+Alt 创建圆形选区，执行"编辑"→"描边"→"红色"命令，参数设置如图 3-13。

图 3-13　绘制圆环

(5) 制作同心圆环。执行"选择"→"变换选区"命令，按住 Shift + Alt 将选区缩小，并再次填充(注意描边的宽度应适时调整)，制作如图 3-14 所示的同心圆效果，并放置在界面的适合位置。

(6) 选择圆环 01 图层，选择"锁定透明像素"按钮，选择"渐变工具"，设置起始颜色为橘红色，结束颜色为红色，填充方向为圆环上方。

(7) 复制圆环 01 图层，命名为"圆环 02"图层，移动其到适合位置，并对其使用"渐变工具"，起始颜色为"R 255、G 225、B 0"，结束颜色为红色，效果如图 3-15 所示。

图 3-14　制作同心圆

(8) 添加文字。输入横排文字"时尚滑板运动"，字体为"方正超粗黑简体"，文字填充为白色，然后对其添加"图层样式"，选择"描边"，按图 3-16 所示设置参数。

图 3-15 同心圆调色效果

图 3-16 描边参数设置

(9) 文字变形。选择"创建文字变形",选择"上弧",按图 3-17 所示设置。

(10) 更改文字位置。调整文字位置到合适位置。

(11) 创建新图层,命名为"字影",并使用"多边形套索工具",在文字下方创建选区,填充为黑色,效果如图 3-18 所示。

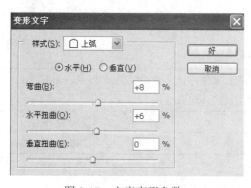

图 3-17 文字变形参数

图 3-18 制作投影效果

(12) 创建黑色人物选区,填充为黑色,效果如图 3-19 所示。

(13) 创建人物头上黑色色块选区,填充为黑色,效果如图 3-19 所示。

(14) 创建海鸥和其他装饰图像选区,效果如图 3-20、图 3-21、图 3-22 所示。

图 3-19 添加人物效果

图 3-20 添加海鸟效果

图 3-21 添加装饰效果

图 3-22　添加装饰效果

(15) 插入合适的 SLOGAN。

(16) 完成制作。

5. 任务测评

按下表所述内容进行任务测评。

序号	测 评 内 容	测 评 结 果	备　注
1	掌握选区的创建方法	好、中、及格	
2	掌握选区的编辑方法	好、中、及格	
3	任务案例完成情况	好、中、及格	

3.3　项目 2——标志设计与特效制作

3.3.1　项目介绍

本项目的具体内容见下表。

项目描述	通过"标志设计与特效制作"项目案例，让学员加深了解 Photoshop 的功能、图像制作的思维方法，掌握更多工具的使用方法	
项目内容	任务 1　标志设计	240 分钟
	任务 2　标志特效制作	240 分钟

3.3.2　任务 1　标志设计

1. 任务描述

使用 Photoshop 软件中的图层顺序概念和文字工具，完成如图 3-23 所示内容。

图 3-23　标志设计效果

2. 教学组织

通过展示任务案例，说明 Photoshop 与传统图像制作工具的不同，并讲授任务案例的设计思路。在讲授文字概念时，可以采用对比教学吸引学生参与课堂活动，具体组织如下所述(共计 240 分钟)。

1) 案例演示(20 分钟)

采用课堂设问和提问教学法，引导学员在案例演示过程中进行思考，以加深其对案例的了解。

2) 核心知识点学习(120 分钟)

可采用快速阅读法、头脑风暴法、旋转木马法和对比教学法进行教学，同时，每一部分教学配合操作演示，主要内容包括图层的排列顺序和文字工具的使用。

3) 典型示例解读(40 分钟)

建议采用任务分解法和课堂陷阱教学法对典型示例进行解读。注意使用课堂设问和提问。

4) 现场制作(50 分钟)

采用分组教学法和现场操作教学法进行现场制作。

5) 自我评价、总结和作业布置(10 分钟)

学员对现场完成的案例进行自我评价及相互评价，教师进行总结，重点对一些共性的错误进行分析，并布置课后作业。

3. 关键知识点

1) 图层排列顺序

Photoshop 中每一个图层都有着自身的作用和意义，有的图层是为了丰富画面内容，有的图层是为了与其他图层实现效果融合，所以，不同的图层顺序，影响着最终呈现的视觉效果，如图 3-24 所示的图层排列顺序特效图。

2) 文字工具

文字是 Photoshop 中必不可少的组成部分，所以，掌握文字工具的使用，对于 Photoshop 制作和处理图像是非常关键的。

图 3-24　图层排列顺序特效图

(1) 点文本。在操作界面中，点击鼠标在画面的任一位置，都会出现闪动的光标；通过设置字体、大小、颜色等参数属性，完成文字的录入。点文本的特征是没有自动分行或自动分段功能，录入的文字会一直在同一行中出现。点文本如图 3-25 所示。

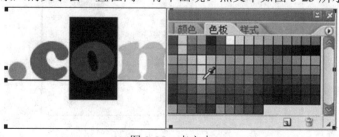

图 3-25　点文本

(2) 块文本。块文本与点文本不同，在操作界面中，按住鼠标左键不放，拖移鼠标会形成一个矩形区域，这个区域就是块文本的可见显示区域，可以修改文字的字体、大小、颜色等参数属性，录入的文字会自动适配显示区域，从而显示块状区域内的文字信息。块文本如图 3-26 所示。

图 3-26 块文本

(3) 文字属性的修改。在选择好文字工具后，选择需要修改文字对应的图层，将鼠标移动到之前录入的文字内容，左键点击可以进入文字编辑环境，选择需要编辑的文字内容，通过常用工具编辑栏进行文字属性的修改，参数如图 3-27 所示。

图 3-27 文字属性修改框

4. 任务实施

(1) 创建一个空白的文件，命名为"标志"，按图 3-28 所示进行参数设置，确定以创建新的文档。

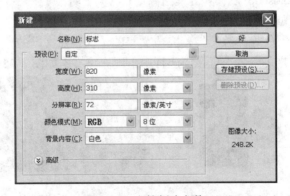

图 3-28 文档创建参数

（2）制作标志。选择"横排文字工具"，输入文字"SKY TECH"，字体为"方正超粗黑简体"，文字颜色为"R 41、G 22、B 111"，字号大小 130 点。

（3）制作矩形框。创建一个新的图层，选择"矩形选区工具"，建立合适尺寸的矩形框，设置矩形框的颜色为"R 0、G 107、B 172"，使用"自由变换工具"→"斜切"命令，改变矩形框形状，并将"TECH"的文字颜色设置为白色，效果如图 3-29 所示。

图 3-29　添加背景框效果

（4）添加装饰纹。打开项目 2 文件夹中的"装饰图.psd"，将图片移动到标志文件中去，放置在如图 3-30 所示的位置，并将其颜色分别设置(从左至右)为"R 116、G 198、B 238"、"R 61、G 157、B 217"、"R 0、G 108、B 173"和"R 41、G 22、B 111"。

图 3-30　添加装饰图案效果

（5）根据自己情况，可以随意调整文字或者装饰图及位置、颜色，保存整体标志，保存为"标志.psd"。

5. 任务测评

按照下表所述内容进行任务测评。

序号	测 评 内 容	测 评 结 果	备　注
1	是否掌握图层顺序的排列	好、中、及格	
2	是否掌握文字工具的使用	好、中、及格	
3	是否掌握文字内容的编辑	好、中、及格	
4	任务案例完成情况	好、中、及格	

3.3.3　任务 2　标志特效制作

1. 任务描述

结合前面知识内容的练习，要求学生利用图像混合模式的选择，完成标志特效制作，完成效果如图 3-31 所示。

图 3-31　标志特效效果

2. 教学组织

通过展示任务案例，引入说明任务的简单制作思路。在讲授任务案例的一些步骤时，可以采用对比教学吸引学生参与课堂活动，具体组织如下所述(共计 240 分钟)。

1) 案例演示(20 分钟)

采用课堂设问和提问教学法，引导学员在案例演示过程中进行思考，加深对案例的了解。

2) 核心知识点学习(120 分钟)

可采用快速阅读法、头脑风暴法、旋转木马法和对比教学法进行教学，同时，每一部分教学配合操作演示，主要内容包括图层的混合模式和滤镜的使用。

3) 典型示例解读(40 分钟)

建议采用任务分解法和课堂陷阱教学法对典型示例进行解读。注意使用课堂设问和提问。

4) 现场制作(50 分钟)

采用分组教学法和现场操作教学法进行现场制作。

5) 自我评价、总结和作业布置(10 分钟)

学员对现场完成的案例进行自我评价及相互评价，教师进行总结，重点对一些共性的错误进行分析，并布置课后作业。

3. 关键知识点

1) 图层混合模式

图层的不透明度和混合选项决定了其像素与其他图层中的像素相互作用的方式。

"常规混合"是调节图层最常用到的、最基本的图层选项，它们和图层面板中的图层混合模式和不透明度是一样的。混合模式的具体含义详见画笔工具的混合模式。

"高级混合"选项能精确地控制图层混合的方式，以创建新的、有趣的图层效果。在高级混合选项中包括填充不透明度、限制混合信道、挖空选项和分组混合效果等。

运用混合模式产生的特效，与参与混合的图像的颜色、明暗等有直接的关系，所以对于不同的图像，即使使用了相同的混合模式，得到的结果也可能不一样。混合模式选择如图 3-32 所示。

图 3-32　图层混合模式

2) 滤镜的使用

滤镜(Filter)的概念来源于摄影技术，摄影当中的滤镜就是放在相机镜头前或后的镜片，Photoshop 的滤镜就是模拟了这个镜片，可以制作出丰富多彩的图像效果。在 Photoshop 中，滤镜是进行图像处理最常用的手段，利用滤镜可快速制作出很多特殊的图像效果，如风吹效果、浮雕效果、光照效果等，滤镜效果如图 3-33 所示。

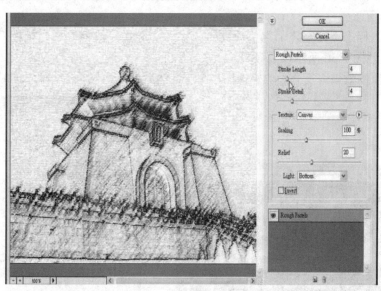

图 3-33　滤镜效果

滤镜是 Photoshop 中用来产生奇特、美妙效果的主要工具之一。滤镜主要是通过各种方式改变像素数据，以达到对图像进行模糊、像素化、扭曲等特殊处理的效果。

Adobe 提供的滤镜显示在"滤镜"菜单中，第三方软件开发商提供的某些滤镜可以作为增效工具使用，在安装后，这些增效工具滤镜出现在"滤镜"菜单的底部。根据它们的这些特性，人们把 Photoshop 滤镜可以分为内置滤镜(自带滤镜)和外挂滤镜(第三方滤镜)。

4. 任务实施

　　(1) 标志特效制作。创建一个空白的文件，命名为"标志特效"。如图 3-34 所示进行参数设置，确定以创建新的文档。

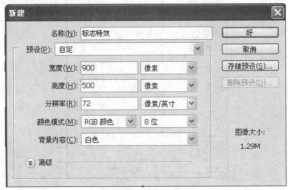

图 3-34　文档参数

　　(2) 填充黑色到整个新建文档。

　　(3) 打开"标志.psd"，合并所有图层。

　　(4) 选择"魔棒工具"，点击白色区域，点击鼠标右键选择"选取相似"，再点击鼠标右键选择"反选"，这样就将所有需要选择的区域都选择出来了，"复制"所选区域，然后粘贴到"标志特效"文档中。使用"自由变换工具"调整"标志"的大小和位置，效果如图 3-35 所示。

　　(5) 复制"标志"图层，命名为"动感模糊"。选择"滤镜"→"模糊"→"动感模糊"命令，按照图 3-36 所示设置参数。

　　(6) 强化模糊效果。复制"动感模糊"图层，然后将这两层合并，效果如图 3-37 所示。

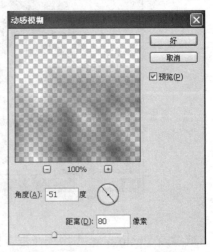

图 3-35　添加标志效果　　　　　　　　　图 3-36　动感模糊效果

图 3-37　强化模糊效果

　　(7) 增强边缘亮色。复制"标志"图层，命名为"边缘"，并放于图层最上方，选择"编辑"→"描边"命令，描边宽度 1 像素，颜色为"R 37、G 242、B 255"，位置为外侧，效果如图 3-38 所示。

图 3-38　描边效果

　　(8) 选择"魔棒工具"，设置容差为 10，设置"添加到选区"或者按住 Shift，逐一选择标志所有色彩部分，全选完成后，复制所选区域，然后粘贴，自动创建一个新的图层，命名为"顶层"。

　　(9) 将"顶层"图层的选区载入，选择"边缘"图层，选择"编辑"→"删除"命令，这样只保留了边缘的亮色效果，效果如图 3-39 所示。

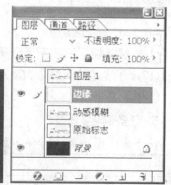

图 3-39　保留边缘效果

　　(10) 将"顶层"图层的"透明度"设为"50%"，画面呈现为背景色彩略微透明的效果。

(11) 制作重影效果。复制"边缘"图层，命名其为"边缘 2"图层，放置在"边缘"图层下方，设置"边缘 2"图层的"透明度"为"40%"，并向右下方移动，效果如图 3-40 所示。

图 3-40　图层混合效果

(12) 复制"边缘 2"图层，命名其为"边缘 3"图层，放置在"边缘 2"图层下方，设置"边缘 3"图层的"透明度"为"20%"，再次向右下方移动。

(13) 将"顶层"图层的"图层混合模式"设置为"正片叠底"，"透明度"为"100%"。

(14) 选择"动感模糊"图层，为其添加"图层蒙版"，用来对重影进行渐变处理，界面如图 3-41 所示。

(15) 选择"渐变工具"来调节蒙版层，使模糊效果富有变化，选择渐变模式为"黑白模式"，界面如图 3-42 所示。

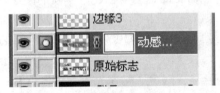

图 3-41　添加图层蒙版界面

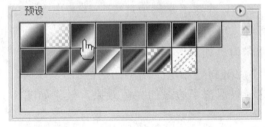

图 3-42　渐变模式选择界面

(16) 对蒙版层添加渐变效果(效果自定)。

(17) 再对背景图层添加渐变效果(效果自定)。

(18) 完成制作。

5. 任务测评

按下表所示内容进行任务测评。

序号	测 评 内 容	测 评 结 果	备 注
1	掌握图层混合模式的选择	好、中、及格	
2	掌握滤镜的使用	好、中、及格	
3	任务案例完成情况	好、中、及格	

3.4 项目 3——海报招贴设计制作

3.4.1 项目介绍

本项目具体内容如下表所述。

项目描述	通过"海报招贴设计制作"项目案例，让学员了解学习 Photoshop 中图层样式及形状路径工具的使用方法，掌握图像调色的基本制作办法	
项目内容	任务 1 公益海报设计制作	240 分钟
	任务 2 海报招贴设计制作	240 分钟

3.4.2 任务 1 公益海报的设计制作

1. 任务描述

使用 Photoshop 软件中的图层样式和形状路径工具，完成如图 3-43 所示内容。

图 3-43 公益海报效果

2. 教学组织

通过展示任务案例，讲授设计制作的基本思路，重点讲解图层样式的应用和形状路径工具。在讲授图层样式时，可以采用对比教学吸引学生参与课堂活动，具体组织如下所述(共计 240 分钟)。

1) 案例演示(20 分钟)

采用课堂设问和提问教学法，引导学员在案例演示过程中进行思考，以加深其对案例的了解。

2) 核心知识点学习(120 分钟)

可采用快速阅读法、头脑风暴法、旋转木马法和对比教学法进行教学，同时，每一部分教学配合操作演示，主要内容包括图层样式的应用和形状路径工具的使用。

3) 典型示例解读(40 分钟)

建议采用任务分解法和课堂陷阱教学法对典型示例进行解读。注意使用课堂设问和提问。

4) 现场制作(50 分钟)

采用分组教学法和现场操作教学法进行现场制作。

5) 自我评价、总结和作业布置(10 分钟)

学员对现场完成的案例进行自我评价及相互评价，教师进行总结，重点对一些共性的错误进行分析，并布置课后作业。

3. 关键知识点

1) 图层样式

为了使设计者在图像处理过程中收到更加理想的效果，Photoshop 提供了许多图层效果，包括投影、阴影、发光、斜面和浮雕及描边等，用于改变图层的外观。图层效果是对图层中所有非透明的图像像素起作用的，即使图层中存在选区，图层效果的作用范围还是整个图层。图层可以同时应用一种以上的图层效果，所使用的各种图层效果的组合称为图层样式。Photoshop 中多数类型的图层可以添加图层样式，但对背景、锁定的图层或图层组不能应用图层效果和样式。对于不能直接应用效果和样式的背景和锁定图层，可以采取转换为普通图层、解锁的方法。虽然不能直接对图层组使用图层效果，但可以对图层组中的图层单独使用。图层样式面板如图 3-44 所示。

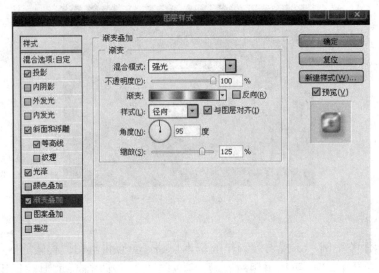

图 3-44　图层样式面板

在"图层样式"对话框中，左边是 10 种图层效果列表，中间部分是各种效果的不同选项，右边小窗口可预览设定的效果。虽然对话框中只有 10 种图层效果，但是每一个图层效果都可以通过设置多个选项产生不同的结果。

图层样式虽然没有滤镜产生的效果那么丰富，但创建快捷方便，而且易于编辑修改。Photoshop 中不仅提供了"样式"面板编辑样式，而且在"图层"菜单中也提供了关于样式的基本操作命令。

(1) 效果的隐藏和显示、清除。选择菜单"图层"→"图层样式"→"隐藏所有效果"命令，可以将整个图像中所有样式层上的效果暂时隐藏或显示。而在样式图层上单击图标可以启用或者停用某一个图层效果。选择菜单"图层"→"图层样式"→"清除图层样式"

命令，可以删除当前样式层上的所有效果。同时样式面板中复位按钮也可用于清除当前样式层中的所有效果。

(2) 复制图层样式。选择菜单"图层"→"图层样式"→"拷贝图层样式"命令，可以将当前图层上的样式进行复制，然后指定另一图层为当前层(可以是不同文件的图层)，执行菜单"图层"→"图层样式"→"粘贴图层样式"命令，把刚才复制的样式应用于当前层。将其他层与当前层链接，然后执行菜单"图层"→"图层样式"→"将图层样式粘贴到链接的图层"命令也可将效果复制到其他所有链接层。

(3) 设置全局光。全局光命令可以为图像文件中所有的图层效果设置统一的加亮角度。执行"图层"→"图层样式"→"全局光"命令，打开"全局光"对话框，即可设置全局光角度或高度。

(4) 拆分样式层。执行菜单"图层"→"图层样式"→"创建图层"命令可以将当前图层与图层样式分离，使其分别以普通图层的形式独立存在。将图层样式转换为普通图层后，就可以通过各种工具和命令来对其进行处理，进一步加强对图层样式的编辑操作。

(5) 缩放效果。选择菜单"图层"→"图层样式"→"缩放效果"命令，弹出"缩放图层效果"对话框，设置缩放的数值，即可以将图层样式中包含的效果进行缩放。

2) 形状与路径

在 Photoshop 中，形状与路径都用于辅助绘画。Photoshop 是一个位图软件，大部分工具都是用来处理位图图像的。但是，Photoshop 也提供了部分矢量工具，用于编辑矢量图形。形状和路径工具就是 Photoshop 中常用的矢量工具，由于其应用简单快捷，所以在实际工作过程中运用非常广泛。

它们的共同点是：都使用相同的绘制工具(如钢笔、直线、矩形等)，编辑方法也完全一样。不同点是：绘制形状时，系统将自动创建以前景色为填充内容的形状图层，此时形状被保存在图层的矢量蒙版中；路径并不是真实的图形，无法用于打印输出，需要用户对其进行描边、填充才成为图形。此外，可以将路径转换为选区。

(1) 形状。形状工具是一种很有用的形状和路径工具，利用它可以轻松地绘制出各种常见的形状及路径，大大减轻了用户绘制特定形状图像的负担。另外，形状工具还可以绘制形状的位图。和选区工具一样，Photoshop 提供了绘制规则形状和不规则形状的工具。我们还可以保存建立的形状，以备重复使用。形状工具如图 3-45 和图 3-46 所示。

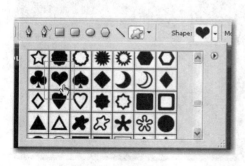

图 3-45　形状工具　　　　　　　　　　　图 3-46　形状图层

(2) 路径。路径是由多个节点组成的矢量线条，放大或缩小图像对其没有任何影响，它可以将一些不够精确的选择区域转换为路径后进行编辑和微调，然后再转换为选择区域进行处理。

路径绘制示例如图 3-47 所示。

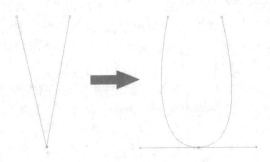

图 3-47　路径绘制

4. 任务实施

(1) 展示酒类海报制作最终效果及任务所需的素材文件，任务最终效果如图 3-48 所示，素材文件如图 3-49 所示。

图 3-48　最终效果　　　　　　　　　　　　图 3-49　素材

(2) 使用形状工具，绘制如图 3-50 所示的形状。

(3) 使用图层样式，为绘制的形状进行整体修饰，效果如图 3-51 所示。

图 3-50　添加形状　　　　　　　　　　　　图 3-51　添加图层样式

(4) 使用文字工具完成对图像内容的丰富，效果如图 3-52 所示。

图 3-52　最终效果

5. 任务测评

按下表所述内容进行任务测评。

序号	测 评 内 容	测 评 结 果	备　注
1	是否掌握图层样式的使用	好、中、及格	
2	是否掌握形状路径工具的使用	好、中、及格	
4	任务案例完成情况	好、中、及格	

3.4.3　任务 2　海报招贴的设计制作

1. 任务描述

使用图像调色命令，结合前面知识内容，完成海报招贴设计制作，效果如图 3-53 所示。

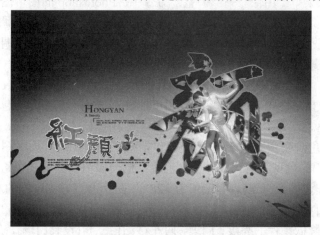

图 3-53　海报招贴设计效果

2. 教学组织

通过展示任务案例，说明海报设计的制作思路，介绍图像调色及画笔工具的用法。在讲授图像调色时，可以采用对比教学吸引学生参与课堂活动，具体组织如下所述(共计 240 分钟)。

1) 案例演示(20 分钟)

采用课堂设问和提问教学法，引导学员在案例演示过程中进行思考，以加深其对案例的了解。

2) 核心知识点学习(120 分钟)

可采用快速阅读法、头脑风暴法、旋转木马法和对比教学法进行教学，同时，每一部分教学配合操作演示，主要内容包括图像调色和画笔工具的使用。

3) 典型示例解读(40 分钟)

建议采用任务分解法和课堂陷阱教学法对典型示例进行解读。注意使用课堂设问和提问。

4) 现场制作(50 分钟)

采用分组教学法和现场操作教学法进行现场制作。

5) 自我评价、总结和作业布置(10 分钟)

学员对现场完成的案例进行自我评价及相互评价，教师进行总结，重点对一些共性的错误进行分析，并布置课后作业。

3. 关键知识点

1) 图像调色

不同的摄影者、不同的拍摄角度、不同的拍摄时间等因素都会影响拍摄的图片质量，比如曝光过度、曝光不足、偏色等问题；一些珍贵旧照片出现了杂点、折痕、部分地方失去了颜色；图形图像处理软件中一个很强大的功能就是可以对图形图像的颜色和色调进行调整，从而可以方便地解决上述的种种问题。当然，也不是说处理软件可以把完全失去图像信息的图像恢复。

调整命令位于菜单"图像"→"调整"命令中。Photoshop 的图形图像处理功能可以分3 个方面：处理图像的色彩、处理图像的色调(亮度)及一些特殊功能的调整。实际上，每个调整命令之间不是孤立的，有些命令只调整一个方面，有些命令可以调整多个方面。每一个命令的存在都是有用的。具体的调整命令如下所述。

(1) 直方图。"直方图"用图形表示图像的每个亮度级别的像素数量，展示像素在图像中的分布情况，显示图像在暗调(黑场)、中间调和高光(白场)中是否包含足够的细节，以便进行更好的校正。直方图中数值的范围越大，细节越丰富。

(2) 色阶。"色阶"主要用于调整图像(包括整个图像、选区内的图像、某一层的图像和某一个颜色通道)的色调和对比度。用"色阶"把一幅图像分成 3 个组成部分：亮度值为0 的黑色(直方图左边的黑三角)、亮度值为 128 的中间色(直方图中间的灰三角)和亮度值为255 的白色(直方图右边的白三角)，即色阶山峰图是根据图像的亮度值产生的。向右移动黑三角(设置黑场)会降低图像的亮度；同理，向左移动白三角(设置白场)，会提高图像的亮度。"色阶"对话框如图 3-54 所示。

(3) 曲线。"曲线"命令可调整图像的色调、对比度和色彩平衡。它与色阶命令功能相近，但是可以进行更精细的调整。

(4) 色彩平衡。"色彩平衡"可以用于纠正色差。

(5) 亮度/对比度。"亮度/对比度"命令主要用于调节图像的亮度和对比度。利用它可以对图像的色调范围进行简单调节，这比曲线命令要方便得多，但是该命令是作用于整个图像的。

(6) 色相/饱和度。"色相/饱和度"命令用于调整整个图像或者图像中某种颜色成分的色相、饱和度和亮度，而且还可以用于给灰度图像上色。

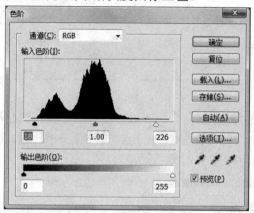

图 3-54　"色阶"对话框

2) 画笔工具

"画笔工具"是最基本的绘图工具，常用于创建丰富的线条，在使用时，首先应设置好所需的前景色，然后通过工具选项栏，对画笔属性进行设置。

画笔除了软件本身预制好的样式以外，也可以进行自定义设置，自定义窗口如图 3-55 所示，通过对不同参数的设置，可以实现个性特点的画笔样式，为后期的制作提供充足的素材。

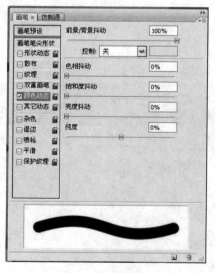

图 3-55　画笔工具

4. 任务实施

(1) 新建一个空白的文件，如图 3-56 所示进行参数设置，确定以创建新的文档。

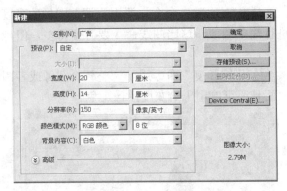

图 3-56　创建文档参数

(2) 制作背景。执行"渐变工具"→"线性渐变"命令，起始颜色为"R 144、G 126、B 114"，结束颜色为"R 203、G 201、B 188"，效果如图 3-57，然后填充其到"背景"图层上。

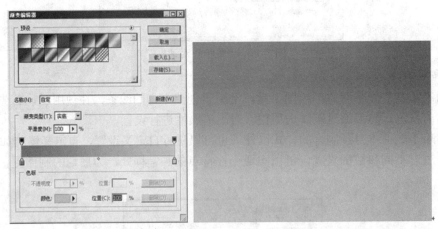

图 3-57　渐变填充

(3) 背景处理。执行"滤镜"→"杂色"→"添加杂色"命令，参数设置见图 3-58。

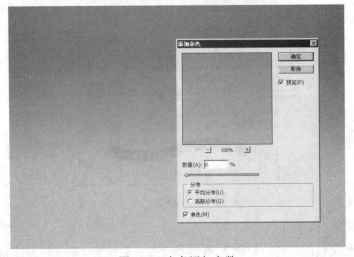

图 3-58　杂色添加参数

(4) 制作装饰背景层。新建图层，命名其为"装饰背景"层，填充颜色为"R 157、G 140、B 63"，设置图层"不透明度"为 50%，效果见图 3-59。

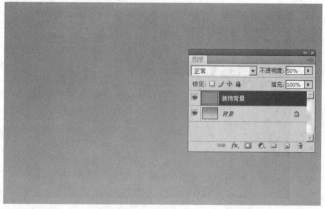

图 3-59　图层混合效果

(5) 为"装饰背景"层添加"图层蒙版"，使用"渐变工具"，选择"黑-白渐变"效果，使用该种颜色填充图层蒙版(注意：填充前要选择蒙版对象)，效果见图 3-60。

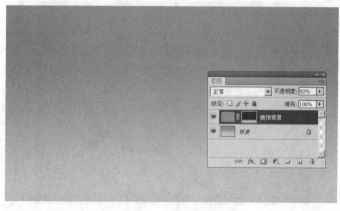

图 3-60　添加蒙版效果

(6) 新建图层，命名为"装饰背景 2"层，填充该图层为黑色，然后为"装饰背景 2"层也添加图层蒙版，效果见图 3-61。

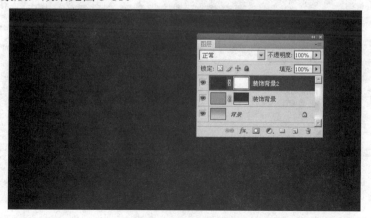

图 3-61　制作背景效果

(7) 选择"画笔工具"，设置前景色为黑色，选择柔角类画笔，在蒙版区域中间位置进行涂抹(注意：随时调整画笔笔头大小和不透明度)，效果见图 3-62。

图 3-62 涂抹效果

(8) 添加文字。输入文字"颜"，字体为"方正行楷简体"，文字填充为黑色，然后调整文字大小，效果如图 3-63 所示。

图 3-63　添加文字效果

(9) 为文字添加图层样式。选择"描边"，参数按图 3-64 所示设置。

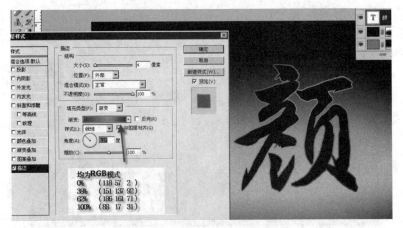

图 3-64　为文字添加图层样式参数

(10) 打开项目四中素材文件夹中的素材 "花纹.psd"，移动其到广告文档中，生成新图层，命名其为 "花纹"，调整图像位置，效果如图 3-65 所示。

图 3-65　添加文字内装饰背景效果

(11) 选择 "花纹图层"，按住 Ctrl 键，载入文字 "颜" 层的选区，添加 "图层蒙版"，效果如图 3-66 所示。

图 3-66　制作文字内饰效果

(12) 按住 Ctrl 键，载入 "花纹图层" 中的图层蒙版缩览图，添加调整图层 "色相/饱和度" 命令，按照图 3-67 所示设置选项参数，效果如图所示。

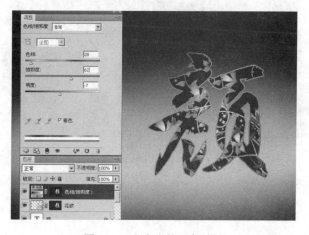

图 3-67　文字内饰调色效果

(13) 打开项目四中素材文件夹中的素材"人物.psd"，为其添加调整图层"色相/饱和度"、"曲线"、"亮度/对比度"，参数设置如图 3-68 所示。

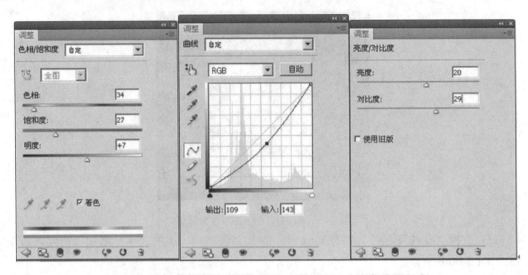

图 3-68　人物图层调色参数

(14) 调整人物腿部色调。选择"人物"图像中的"图层 0"层，使用适合的选区工具选择出人物的腿部区域，对选区进行 10 像素的羽化处理，然后添加调整图层"曲线"，参数按图 3-69 设置，合并"人物"图像中所有图层，移动其到"广告"文档中，生成新的图层，命名其为"最终人物"层，并移动人物到图示位置。

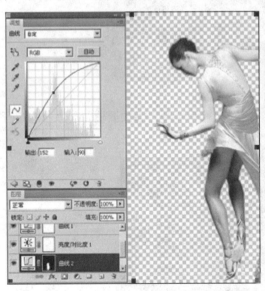

图 3-69　添加人物图层参数及效果

(15) 为"最终人物"层添加图层样式"外发光"，参数设置如图 3-70 所示。

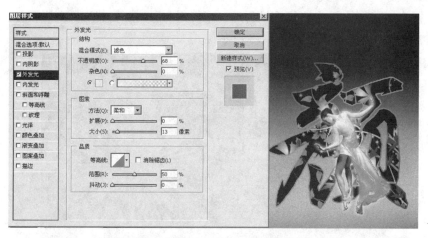

图 3-70　为人物图层添加图层样式参数

(16) 复制"最终人物"层，得到新图层，改名为"最终人物倒影"层，将"最终人物倒影"层"垂直翻转"，并向下移动到如图 3-71 所示位置，为其添加"图层蒙版"，使用"黑-白渐变"填充蒙版图像，得到倒影效果。

图 3-71　制作人物倒影效果

(17) 选择"形状工具"中的"多边形工具"，在工具选项栏中设置边数为 50，在"多边形选项"中选择"星形"，"缩进边依据"为"80%"，绘制如图 3-72 所示样式。

图 3-72　添加人物装饰背景效果

(18) 按 Ctrl + Enter 键将路径转换为选区，新建图层，命名其为"光影"层，填充选区为白色，然后取消选区，效果如图 3-73 所示。

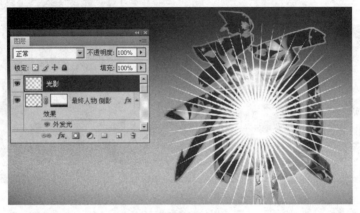

图 3-73　光影填充效果

(19) 执行"滤镜"→"模糊"→"径向模糊"命令，参数设置如图 3-74 所示。

图 3-74　光影特效制作参数

(20) 将"光影"层调整到文字"颜"层的下方，复制"光影"层，生成"光影副本"层，效果如图 3-75 所示。

图 3-75　调整光影图层效果

(21) 选择"文字工具"，使用"迷你繁衡方碑"字体，输入文字"红颜"，调整文字大小，对文字层进行栅格化，调整文字的大小和位置如图 3-76 所示。

图 3-76　文字添加效果

(22) 为文字"红颜"所在的图层添加图层样式"投影"、"斜面和浮雕"、"描边"和"渐变叠加"，参数设置如图 3-77 所示。

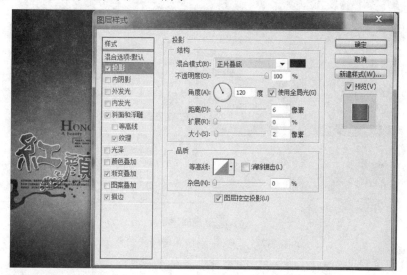

(a) 投影参数

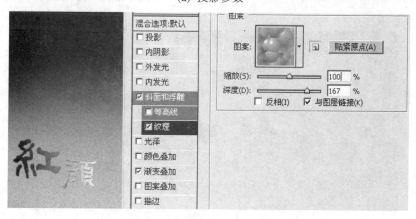

(b) 斜面和浮雕参数

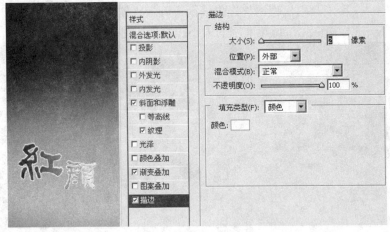

(c) 描边参数

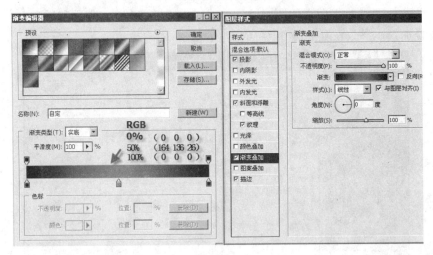

(d) 渐变叠加参数

图 3-77 为文字添加图层样式参数

(23) 打开项目四中素材文件夹中的素材"云朵 1.psd",移动其到"广告"文档中,生成新的图层,命名其为"云朵 1"层,选择渐变工具(线性渐变),为"云朵 1"层填充,渐变参数如图 3-78 所示。

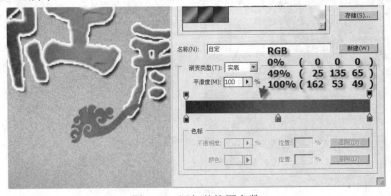

图 3-78 添加装饰图参数

(24) 为"云朵 1"层添加图层样式"投影"、"描边",参数如图 3-79 所示,移动"云朵"层到"红颜"图层的下方。

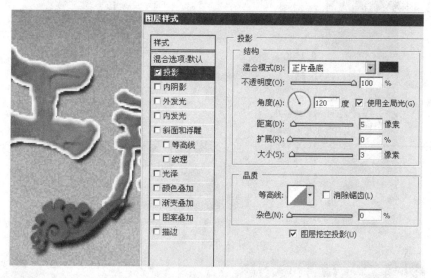

(a) 投影参数

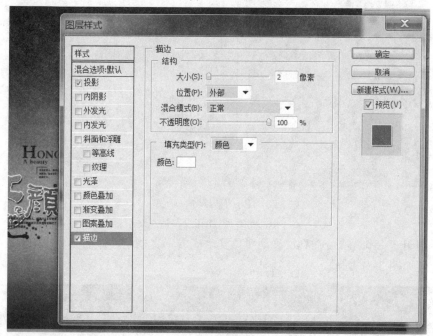

(b) 描边参数

图 3-79   为装饰图添加图层样式参数

(25) 打开项目四中素材文件夹中的素材"云朵 2.psd",移动其到"广告"文档中,生成新的图层,命名其为"云朵 2"层,选择渐变工具(线性渐变),为"云朵 2"层填充,渐变参数参考图 3-78,添加效果,并为其添加图层样式"斜面和浮雕"、"描边",参数设置如图 3-80 所示。

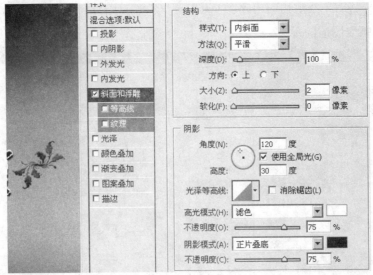

(a) 斜面和浮雕参数

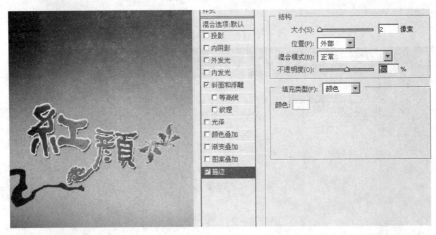

(b) 描边参数

图 3-80　添加花纹参数

(26) 打开"装饰笔墨.psd",移动对象到"广告"文档中,命名其为"笔墨 1"层,并调整其位置如图 3-81 所示。

图 3-81　添加装饰笔墨效果

(27) 新建图层，命名其为"笔墨 2"层，选择"画笔工具"，设置前景色为黑色，按下图设置画笔属性，然后在图像适合的位置进行涂抹，效果如图 3-82 所示。

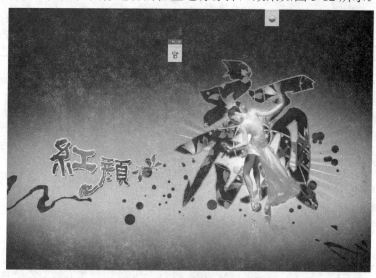

图 3-82　完成整体画面效果

(28) 在图像中添加适合的文字，完成整体制作，效果如图 3-83 所示。

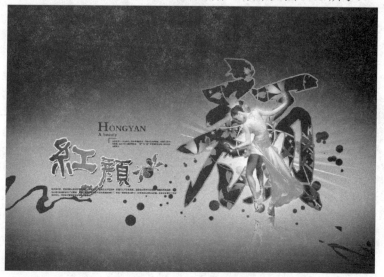

图 3-83　添加内容文字后效果

5. 任务测评

按下表所述内容进行任务测评。

序号	测 评 内 容	测 评 结 果	备　注
1	掌握图像调色的效果	好、中、及格	
2	掌握画笔工具的使用	好、中、及格	
3	任务案例完成情况	好、中、及格	

模块 4 Premiere 视频编辑技术

通过学习视频编辑软件 Adobe Premiere，了解非线性视频编辑软件在视频节目制作中的应用流程。本模块结合素材案例，以学、做结合的教学形式，引导学员熟悉基本的操作方法。本模块主要包括一个项目案例，共 12 课时。

4.1 教学设计

本模块的具体内容如下表所述。

模块内容	项 目 名 称		课时分配(学时)
	制作运动会开幕式花絮专题片		12
学习目的	(1) 能基本了解视频编辑中相关参数的应用； (2) 能使用编辑工具对素材片断进行取舍及合成； (3) 能使用编辑特效添加片断的转场、滤镜； (4) 能掌握影视片中字幕的制作和音频的添加； (5) 能按编辑中的工作流程进行视频制作		
教学活动组织	本模块采用理实一体教学，在计算机实训室授课，每堂课主要由以下部分组成： (1) 任务引入； (2) 素材与相关知识准备； (3) 工作流程分析； (4) 操作示范； (5) 实操练习； (6) 效果评价		
教学方法	四任务教学法(讲解、示范、模仿、练习)		
效果评价	名称	评价要点	
	制作运动会开幕式花絮专题	(1) 是否合理应用提供的视频元素 (2) 特效、转场应用是否准确 (3) 字幕、字幕背景搭配是否合理 (4) 段落展现主题是否明确	

4.2　项目——制作运动会开幕式花絮专题

4.2.1　项目介绍

本项目的具体任务见下表。

项目描述	通过"制作运动会开幕式花絮专题"项目案例，让学员了解学习视频编辑软件的功能，掌握基本的工作操作流程步骤	
项目内容	任务 1　制作运动会开幕式花絮 1	4 学时
	任务 2　制作运动会开幕式花絮 2	3 学时
	任务 3　制作运动会开幕式花絮 3	5 学时

4.2.2　任务 1　制作运动会开幕式花絮 1

1. 任务描述

根据提供的视频素材元素，使用编辑软件工具制作运动会开幕式花絮 1，完成效果如图 4-1 所示。

图 4-1　运动会花絮

本任务的制作要求展现：

(1) 运动会召开地点场景；

(2) 运动员入场仪式；

(3) 升旗仪式；

(4) 领导讲话镜头。

2. 教学组织

教学组织内容如下：

(1) 展示并分析视频片断，引导学员了解片断构成的素材元素和景别处理方法(30 分钟)。

(2) 通过素材元素及相关知识的准备，了解导入文件类型，了解视频镜头组接基本规律和方法(20 分钟)。

(3) 分析项目工程文件编辑主要工作流程(10 分钟)。

(4) 操作示范素材元素准备，建立工程文件及路径、工程文件参数设置，介绍编辑界面工作区相关命令功能及使用方法(60 分钟)。

(5) 按照制作视频主要工作流程的七个阶段进行实际操作训练(120 分钟)。

3. 关键知识点

1) 视频编辑的基本规则一

(1) 镜头的组接必须符合观众的思想方式和影视表现规律。

镜头的组接要符合生活的逻辑、思维的逻辑，不符合逻辑镜头组接，观众就看不懂。做影视节目要表达的主题与中心思想一定要明确，在此基础上我们才能根据观众的心理要求(即思维逻辑)，确定选用哪些镜头，如何将它们组合在一起。

(2) 景别的变化要采用"循序渐进"的方法。

一般来说，拍摄一个场面的时候，"景"的发展不宜过分剧烈，否则就不容易连接起来；相反，"景"的变化不大，同时拍摄角度变换亦不大，拍出的镜头也不容易组接。鉴于此，我们在拍摄时"景"的发展变化需要采取循序渐进的方法，循序渐进地变换不同视觉距离的镜头，实现顺畅的连接，形成如下所述的各种蒙太奇句型。

- 前进式句型。这种叙述句型是指景物由远景、全景向近景、特写过渡，用来表现由低沉到高昂向上的情绪和剧情的发展。

- 后退式句型。这种叙述句型是由近到远，表示由高昂到低沉、压抑的情绪，在影片中表现由细节到扩展到全部的镜头。

- 环行句型。这种句型是把前进式和后退式的句子结合在一起使用，由全景—中景—近景—特写，再由特写—近景—中景—远景；或者我们也可反过来运用这种句型，表现情绪由低沉到高昂，再由高昂转向低沉。这种句型一般在影视故事片中较为常用。

在镜头组接的时候，同一机位、同景别又是同一主体的画面是不能组接的。因为这样拍摄出来的镜头景物变化小，一副副画面看起来雷同，接在一起好像同一镜头不停地重复。另一方面，这种机位、景物变化不大的两个镜头接在一起，只要画面中的景物稍有一点变化，就会在人的视觉中产生跳动或者好像一个长镜头断了好多次的感觉，破坏了画面的连续性。

如果我们遇到这样的情况，最好的办法是采用过渡镜头。如从不同角度拍摄再组接，穿插字幕过渡，让表演者的位置、动作变化后再组接，这样组接后的画面就不会产生跳动、断续和错位的感觉。

2) 视频编辑的基本规则二

(1) 镜头组接中的拍摄方向、轴线规律。

主体物在进出画面时，拍摄时需要注意拍摄的总方向，从轴线一侧拍，否则两个画面接在一起主体物就要"撞车"。

所谓的"轴线规律"是指拍摄的画面是否有"跳轴"现象。在拍摄的时候，如果拍摄机的位置始终在主体运动轴线的同一侧，那么构成画面的运动方向、放置方向都是一致的，否则应是"跳轴"了，跳轴的画面除了特殊的需要以外是无法组接的。

(2) 镜头组接要遵循"动接动"、"静接静"的规律。

如果画面中同一主体或不同主体的动作是连贯的，可以动作接动作，达到顺畅、简洁过渡的目的，我们简称为"动接动"。如果两个画面中的主体运动是不连贯的，或者它们中间有停顿，那么这两个镜头的组接，必须在前一个画面主体做完一个完整动作停下来后，接上一个从静止到开始的运动镜头，这就是"静接静"。"静接静"组接时，前一个镜头结尾停止的片刻叫"落幅"，后一镜头运动前静止的片刻叫做"起幅"，起幅与落幅时间间隔大约为一二秒钟。运动镜头和固定镜头组接，同样需要遵循这个规律。如果一个固定镜头要接一个摇镜头，则摇镜头开始要有起幅；相反，一个摇镜头接一个固定镜头，那么摇镜头要有"落幅"，否则画面就会给人一种跳动的视觉感。为了特殊效果，也有静接动或动接静镜头的组接方式。

(3) 镜头组接的时间长度。

拍摄影视节目的时候，每个镜头的停滞时间长短，首先根据要表达内容的难易程度、观众的接受能力来决定的，其次还要考虑到画面构图等因素。如由于画面选择景物不同，包含在画面中的内容也不同。远景、中景等镜头大的画面包含的内容较多，观众需要看清楚这些画面上的内容，所需要的时间就相对长些，而对于近景、特写等镜头小的画面，所包含的内容较少，观众只需要短时间即可看清，所以画面停留时间可短些。

(4) 镜头组接的影调色彩的统一。

影调是指以黑白画面而言。黑白画面上的景物，不论原来是什么颜色，都是由许多深浅不同的黑白层次组成软硬不同的影调来表现的。对于彩色画面，除了一个影调问题还有一个色彩问题，无论是黑白还是彩色画面组接都应该保持影调色彩的一致性。如果把明暗或者色彩对比强烈的两个镜头组接在一起(除了特殊的需要外)，就会使人感到画面生硬和不连贯，影响内容的通畅表达。

3) 视频编辑的基本规则三

(1) 镜头组接节奏。

影视节目的题材、样式、风格以及情节的环境气氛、人物的情绪、情节的起伏跌宕等是影视节目节奏的总依据。影片节奏除了通过演员的表演、镜头的转换和运动、音乐的配合、场景的时间空间变化等因素体现以外，还需要运用组接手段，严格掌握镜头的尺寸和数量，整理调整镜头顺序，删除多余的枝节才能完成。也可以说，组接节奏是教学片总节奏的最后一个组成部分。

处理影片节目的任何一个情节或一组画面，都要从影片表达的内容出发来处理节奏问题，如果在一个宁静祥和的环境里用了快节奏的镜头转换，会使观众觉得突兀跳跃，心理难以接受。然而在一些节奏强烈、激荡人心的场面中，就应该考虑到种种冲击因素，使镜头的变化速率与青年观众的心理要求一致，激发青年观众的热情和心动的感觉，达到吸引观众的目的。

(2) 镜头的组接方法。

镜头画面的组接除了采用光学原理的手段以外，还可以通过衔接规律，在镜头之间直接切换，使情节更加自然顺畅。下面介绍几种有效的组接方法。

● 连接组接：指相连的两个或者两个以上的一系列镜头表现同一主体的动作。

● 队列组接：指相连镜头但不是同一主体的组接，由于主体的变化，下一个镜头主体出现，观众会联想到上下画面的关系，起到呼应、对比、隐喻、烘托的作用，往往能够创造性地揭示出一种新的含义。

● 黑白格的组接：为了造成一种特殊的视觉效果，如闪电、爆炸、照相馆中的闪光灯效果等，可以在组接的时候将所需要的闪亮部分用白色画格代替；在表现各种车辆相接的瞬间组接若干黑色画格，或者在合适的时候采用黑白相间画格交叉，有助于加强影片的节奏、渲染气氛、增强悬念。

● 两级镜头组接：是由特写镜头直接跳切到全景镜头或者从全景镜头直接切换到特写镜头的组接方式。这种方法能使情节的发展在动中转静或者在静中变动，给观众的直感极强，节奏上形成突如其来的变化，产生特殊的视觉和心理效果。

● 闪回镜头组接：指用闪回镜头，如插入人物回想往事的镜头，这种组接技巧可以用来揭示人物的内心变化。

● 同镜头分析：指将同一个镜头分别在几个地方使用。运用该种组接技巧往往是处于这样的考虑：或者是因为所需要的画面素材不够，或者是有意重复某一镜头用以表现画面所特有的象征性的含义以启发观众的思考，或者是为了首尾相互接应、在艺术结构上给人以完整而严谨的感觉。

4. 任务实施

任务实施分素材准备、素材初剪、素材整理、特效处理、添加音乐、字幕制作、视频导出七个工作流程，应用前六个工作流程，在时间线序列 1 制作运动会开幕式花絮 1，具体操作流程如下所述。

1）素材准备

启动 Premiere 应用程序，选择"新建项目"，在"常规"选项中点击"浏览"进入"浏览文件夹"目标路径栏，选择以自己姓名创建的文件夹按"确定"按钮，然后创建一个项目工程名称，在"暂存盘"选项将所有四个暂存路径设置为与项目工程名称相同的路径，按"确定"按钮进入"新建序列"设置栏，在"序列预置"选项的"有效预置"中点选"DV-PAL"、"标准 48kHz"，其他不用设置，按"确定"进入如图 4-2 所示编辑工作界面。

图 4-2　编辑工作界面

编辑窗口由六个基本区域组成：

- 项目栏：管理导入的素材；
- 素材预览/特效控制台/调音台：用于素材初剪/特效调整/音轨控制；
- 编辑预览：浏览时间线上素材的编辑效果；
- 媒体浏览/信息/效果：设置媒体保存位置，查看时间线上视频和音轨信息，查看各类滤镜和转场效果；
- 时间线：素材编辑合成处理；
- 工具栏：编辑时间线常用的基本工具。

鼠标箭头放在项目栏空白处，点击鼠标右键，选择"导入"，打开导入窗口(快捷键 Ctrl + I)，在素材存放位置选择需要导入的视音频素材，鼠标点击导入窗口的"打开"按钮，将素材导入到项目栏中进行分类管理。

2) 素材初剪

在如图 4-3 所示的项目管理工作区的项目栏内选择一段素材，按住鼠标左键不放，将素材拖拽到(或用鼠标左键双击素材)素材预览工作区。

图 4-3　项目管理工作区

图中圈内的两个按钮功能是将素材预览窗口剪好的素材片断"插入"(快捷键为键盘"，")或"覆盖"(快捷键为键盘"．")到时间线指针位置选取的视音频轨道上。

- **操作技巧**：在素材预览窗播放片断,找到素材片断的入点处，点击键盘"空格"键，可以停止播放，然后点击键盘"I"(或预览窗口的"{"按钮)可确定素材片断编辑入点；入点设置完成后，接着点击键盘"空格"键继续播放，播放到素材片断的编辑出点时，点击"空格"停止播放，再按键盘"O"(或预览窗口的"}"按钮)设置素材片断的编辑出点；选择"插入"或"覆盖"按钮以及快捷键方式将素材片断放入时间线指针位置选取的视音频轨道上。除此之外，将鼠标箭头放在预览窗口上，按住鼠标左键可将剪好的素材片断拖拽到时间线相应的编辑轨道上。

另外，三点编辑和四点编辑是视频编辑工作常用的操作方式，其作用就是在时间线素材上插入另一段素材，操作方式上只要通过三点或四点指定插入或者提取的位置即可。

三点编辑：在编辑预览窗口设置时间线上素材需要插入的入点和出点，在素材预览窗口设置插入素材的入点，单击"覆盖"钮(或快捷键"．")，新素材就替换掉原素材中指定的入点出点的那一段。

四点编辑：与三点编辑类似，只是在素材预览窗口中不仅要设置插入素材的入点，而且还设置了出点。

● **操作训练**：结合应用视频预览工作区和时间线预览工作区常用的操作方式，体会三点、四点编辑方法和"插入"或"覆盖"两种命令方式，体会素材插入效果的应用。

3) 素材调整

将素材片断按照事先构思好的组合方式(或按样片的顺序)在时间线上排列成如图 4-4 所示效果。

图 4-4 时间线及工具栏界面

用时间线编辑工具栏的工具对时间线上素材的长短、速率、剪取进行调整，通过放大或缩小手柄工具检查调整时间线素材。

编辑工具如图 4-5 所示。

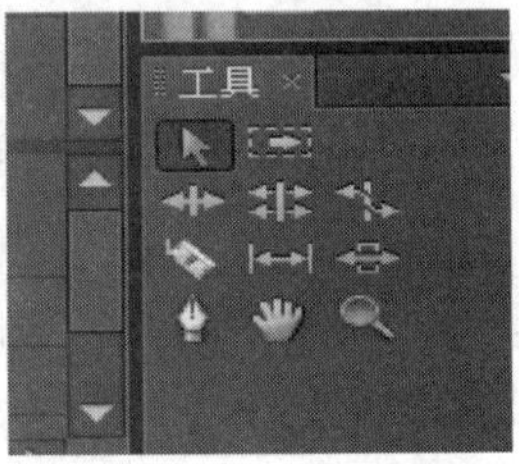

➢ 波纹编辑工具：拖拽素材时其时间线的总长度随之改变；

➢ 滚动编辑工具：图标形状放在相邻素材之间可以使用，当拖拽图标改变一段素材长度时，相邻素材长度随之改变，但时间线的总长度随之改变；

➢ 速率伸缩工具：改变素材的播放速度。

图 4-5 编辑工具

● **操作技巧**：点击鼠标左键选择相应的工具按钮，将鼠标移到时间线素材之间的接缝处或素材两端，当出现对应的选择工具图标时，可对素材进行相应的调整。

● **操作训练**：请大家选用不同的工具分别对时间线上的素材进行调整，试用这些工具的作用体验工具的应用区别。

4) 特效处理

点击"媒体浏览"，使用"信息"→"效果栏"中的"效果"命令，打开如图 4-6 所示的特效处理界面。

图 4-6　效果界面

点击"视频切换"左侧小三角展开文件夹，比如"划像"文件夹下有多种视频转场特效选项，可以根据需要选择某一项，按住鼠标左键不放，将该选项拖拽到时间线上两个素材的出点和入点之间，加入转场的位置。点击加入的转场特效，如图 4-7 圈内的"划像"。在素材预览特效控制台/调音台栏选择如图 4-8 所示的特效控制台。

图 4-7　划像

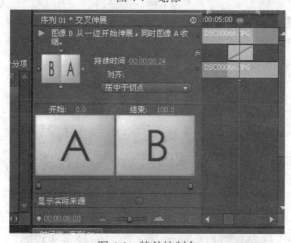

图 4-8　特效控制台

在特效控制台上可以改变转场时间的长短。如果添加视频特效，在"效果"选项中选择展开"视频特效"文件夹，在其中选择相应的效果，按住鼠标左键拖拽到时间线素材上，选择已经添加特效的素材，通过特效控制台对相应的"画面帧"进行处理。

● **操作训练**：请给编辑的素材片断之间加入转场特效，用特效控制台调整转场时间；用添加视频特效的方法为素材添加视频特效并进行"画面帧"的设置。

5) 添加音乐

在项目栏点击鼠标左键选择导入的音乐素材，按住鼠标左键，将音乐素材拖拽到素材预览窗或者直接拖拽到时间线上相应的音轨处，效果如图 4-9 所示。在素材预览窗剪辑好的音乐素材插入音频轨之前，必须先将编辑好的视频轨道同步锁定，否则在指针处的视频就会断开。

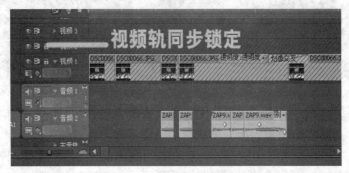

图 4-9　视频轨道同步锁定界面

展开音频轨可以看到音频素材的波形和音频音量控制线，在音频音量控制线上添加关键帧，调整关键帧可进行音乐的渐强渐弱调整，界面如图 4-10 所示。

图 4-10　设计示意界面

● **操作训练**：请根据样片，给编辑的视频片段添加背景音乐素材，在音乐素材音量控制线上添加关键帧，调整关键帧位置，在视频片断的片尾处使音乐背景音量逐渐减小，在视频片断的片头使背景音乐渐强。

6) 添加字幕

按快捷键"Ctrl + T"打开"新建字幕"窗口，设置参数如图 4-11 所示。

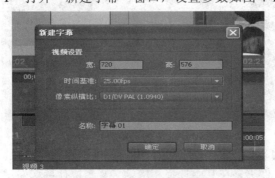

图 4-11　"新建字幕"窗口

按"确定"按钮，打开如图 4-12 所示的字幕编辑窗口，在项目窗口自动生成一个默认的字幕文件。

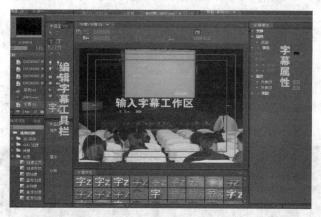

图 4-12　字幕编辑窗口

字幕编辑窗口由编辑字幕工具栏、输入字幕工作区、字幕属性构成，文字处理方式与 Photoshop 软件的文字处理基本相同。制作好字幕后，直接关闭字幕编辑窗口。在项目窗口选取编辑好的字幕文件，在字幕文件上按住鼠标左键，将字幕文件拖拽到时间线视频片断的上一层视频轨道，效果如图 4-13 所示。

图 4-13　时间线视频片断的上一层视频轨道界面

· **操作训练**：打开字幕编辑界面添加字幕，用"字幕属性"对输入的字体进行设置。结合"转场特效"、"视频特效"应用，对字幕进行动画设置。

7) 视频导出

视频导出前，先对编辑好的视频片段开始和结束时间段进行渲染，界面如图 4-14 所示。

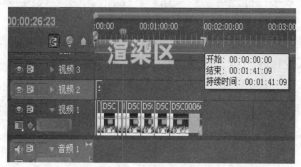

图 4-14　视频渲染界面

在时间线上确定时间标尺的开始时间和结束时间区域，点击菜单栏"序列"命令，选择"渲染整段工作区"开始渲染工作区。最后，选择"文件"→"导出"→"影片"命令，生成 avi 视频文件。

4.2.3　任务 2　制作运动会开幕式花絮 2

1. 任务描述

根据提供的视频素材元素，使用编辑软件工具制作如图 4-15 所示的运动会开幕式花絮 2。

图 4-15　开幕式花絮

本任务的视频制作要求展现：

(1) 动态并列重现四画面运动会团体操；

(2) 团体操伞舞；

(3) 团体武术表演；

(4) 团体操舞龙。

2. 教学组织

教学组织内容如下：

(1) 添加视音轨(10 分钟)。

(2) 导入素材分别重叠放在四层视频轨上(20 分钟)。

(3) 调整每层视频轨上的画面控制帧，生成动态视频并列重现效果(60 分钟)。

(4) 按照任务 1 中的任务实施编辑方法组接团体操其他素材(60 分钟)。

3. 关键知识点

多轨编辑中上层覆盖下层，同时可以通过素材控制线或运动特效，调整画面上下层透明度，实现画面叠化效果；打开运动效果比例、位置、透明等切换动画开关，制作素材运动动画效果。

素材的动画效果既可以通过视频转场制作，也可以用视频特效制作，视频特效表现内容相对更加丰富，其变化时间点是通过调整关键"帧"实现的。

4. 任务实施

在"项目"窗口点击"新建分页"按钮选择"序列"，建立时间线序列 2，轨道设置界面如图 4-16 所示。

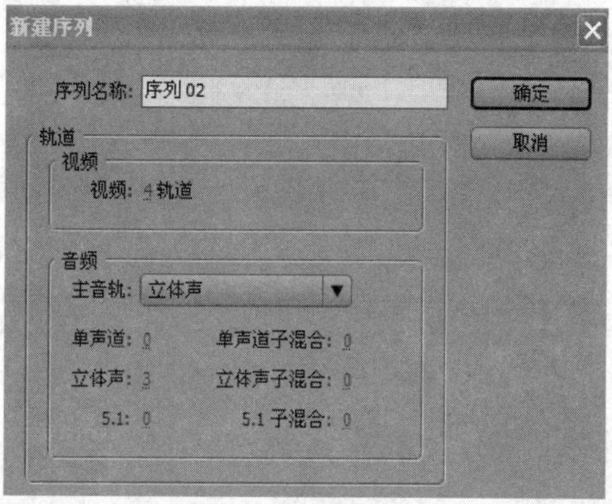

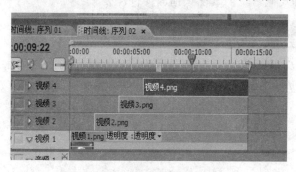

图 4-16　新建序列界面

用预览工作窗口编辑素材，分别插入到四个视频轨上，界面如图 4-17 所示。

图 4-17　素材插入视频轨界面

分别选择轨道素材，按图 4-18 所示在视频特效控制台的"运动"设置中打开"切换动画"开关，通过添加关键帧，调整每层轨道素材的"开始帧—停留帧—结束帧"控制缩放、旋转、位置、运动时间。

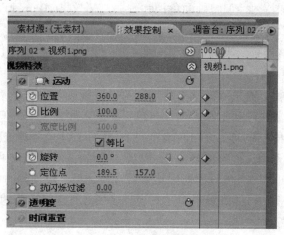

图 4-18　控制效果

添加如图 4-19 所示的其他素材，操作方法同任务 1 工作流程中的"素材初剪、素材调整、添加特效"。

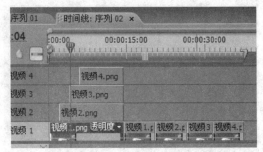

图 4-19　添加素材界面

4.2.4　任务 3　制作运动会开幕式花絮 3

1. 任务描述

制作运动会开幕式花絮，生成视频播放文件。要求：

(1) 运动会开幕式花絮内容包含任务 1 和任务 2 的内容；

(2) 运动会开幕式有背景音乐衬托；

(3) 添加片头、片尾字幕；

(4) 生成视频播放文件格式。

2. 教学组织

教学组织内容如下：

(1) 创建新序列 3(10 分钟)。

(2) 导入序列 1、序列 2 素材(10 分钟)。

(3) 素材整理(40 分钟)。

(4) 背景音乐的添加处理(40 分钟)。

(5) 在序列 3 添加片头、片尾字幕(40 分钟)。

(6) 给序列 3 添加特效，调整画面色调和画面遮幅效果(20 分钟)。

(7) 生成视频播放文件(40 分钟)。

(8) 用格式工厂软件转换生成分辨率 480×360 的 mpeg4 格式文件(25 分钟)。

3. 关键知识点

一个序列中可以重复嵌入同一个素材，也可以重复嵌入同一个序列，但序列与序列不能循环嵌入。比如，制作序列 1 和序列 2 可以重复嵌入序列 3 中，但不能将序列 3 嵌入序列 1 或序列 2 中。同样，序列 2 可以嵌入序列 1，而序列 1 就不能嵌入序列 2。

在时间线上的序列添加视频特效，可以实现视频的特殊显示效果。在时间线上的序列添加视频转场效果，可以实现使一段视频结束后转换到另一段视频的切换衔接处理更自然。在时间线窗口中，可使用时间线编辑工具对视频序列进行选择、剪切、调查素材、编辑(组接)操作。

4. 任务实施

将序列 1 和序列 2 导入并创建如图 4-20 所示的序列 3，在时间线预览窗口查看视频播放序列 3 效果。如果播放某个序列过程中有瑕疵，可以进入出现瑕疵的序列中修正，保存并重新导入序列 3 中。

图 4-20 创建序列 3

为序列 3 视频添加背景音乐，在音量控制线添加音频控制关键帧，调整关键帧使视频片头背景音乐音量渐强，片尾背景音乐音量渐弱，界面如图 4-21 所示。参照图 4-22 为序列 3 添加片头、片尾字幕。最后，按制作工作流程七导出生成 avi 格式视频文件。

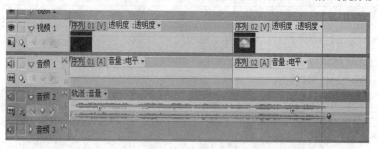

图 4-21 背景音乐添加处理界面

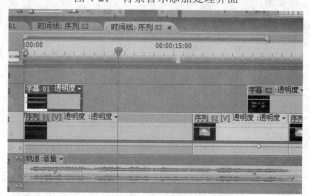

图 4-22 在序列 3 添加字幕界面

5. 任务评测

按照下表所述内容进行本任务的测评。

序号	测 评 内 容	测 评 结 果	备 注
1	是否合理应用提供的视频元素	好、中、及格	
2	特效、转场应用是否准确	好、中、及格	
3	字幕、字幕背景搭配是否合理	好、中、及格	
4	段落展现主题是否明确	好、中、及格	

模块 5 HTML 网页编程技术

5.1 教学设计

网页编程技术模块主要学习使用 HTML 语言设计和编写静态网页页面，是动态网页技术的基础。本模块包括 1 个项目案例，共 18 课时，具体内容如下表所示。

模块内容	项 目 名 称		课时分配(学时)
	淘宝首页页面设计		18
学习目的	(1) 能基本掌握 HTML 的基本标签； (2) 能使用表格和框架编写简单的案例； (3) 能使用表格和 DIV 进行页面的布局； (4) 能使用 CSS 对页面进行美化		
教学活动组织	本模块采用理实一体教学，在计算机实训室授课，每堂课主要由以下部分组成： (1) 课程目标和课程案例演示(每个项目案例的开始部分的案例演示)； (2) 本项目的任务； (3) 知识(技能)讲解； (4) 知识技能小结； (5) 编程任务描述； (6) 现场编程练习； (7) 编程任务讲解和小结； (8) 总结和布置作业		
教学方法	(1). 基本教学方法：3W1H 教学方法，课堂设问和提问		
	(2) 进阶教学方法：对比教学方法，现场编程教学方法，快速阅读法		
	(3) 高级教学技巧：课堂陷阱教学法		
效果评价	项目名称	阶段	评 价 要 点
	淘宝首页页面设计	项目准备	(1) 了解购物网页需要包含的内容； (2) 了解编程环境； (3) 网页所展示内容的准备和整理
		项目实施	(1) 每一个任务的功能实现； (2) 整体的页面布局； (3) 页面的美化实施
		项目展示	页面内容和页面设计效果

5.2　项目——淘宝首页页面设计

5.2.1　项目介绍

本项目的具体内容见下表。

项目描述	通过"淘宝首页页面设计"项目案例，让学员了解学习 HTML 的语法、执行和功能，掌握 HTML 常用标签的使用及表格和 DIV 的布局	
项目内容	任务 1　HTML 基本标签	205 分钟
	任务 2　表格的使用	195 分钟
	任务 3　使用框架设计页面	165 分钟
	任务 4　制作 CSS 样式特效	330 分钟
	任务 5　项目案例讲解	185 分钟

5.2.2　任务 1　HTML 基本标签

1. 任务描述

使用 HTML 的基本结构完成如图 5-1 所示的页面效果。

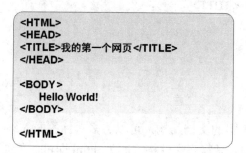

图 5-1　任务 1 程序运行图

2. 教学组织

通过展示任务案例，说明使用 HTML 语言完成页面设计时所需要的基本标签。在讲解基本结构时，可采用对比教学法和现场提问法吸引学生参与到教学活动中来，具体组织如下所述(共计 205 分钟)。

1) 案例演示 (5 分钟)

采用课堂设问和提问教学法，引导学员在案例演示过程中进行思考，以加深其对案例的了解。

2) 核心语法学习(50 分钟)

可采用快速阅读法、旋转木马法和对比教学进行教学，同时，每一部分教学配合验证案例，主要内容包括 HTML 语言的功能、HTML 的基本结构、HTML 的编辑和执行环境以及 HEAD 标签的常用属性及意义。

3) 典型示例解读(70 分钟)

使用课堂陷阱教学法对典型示例进行解读。注意使用课堂设问和提问。

4) 现场编程(70 分钟)

运用现场编程教学法进行现场编程。

5) 自我评价、总结和作业布置(10 分钟)

学员分组对现场完成的编程案例进行自我评价，教师进行总结，重点对一些共性的错误进行分析，并布置课后作业。

3. 关键知识点

1) HTML 的基本结构

HTML 设计的目的是为了能把存放在一台电脑中的文本或图形与另一台电脑中的文本或图形方便地联系在一起，形成有机的整体，人们只需使用鼠标在某一文档中点取一个图标，Internet 就会马上转到与此图标相关的内容上去，而这些信息可能存放在网络的另一台电脑中。

HTML 文本是由 HTML 命令组成的描述性文本，HTML 命令可以说明文字、图形、动画、声音、表格、链接等。它的基本结构如下：

```
<HTML>
<HEAD>
<TITLE>页面标题 </TITLE>
</HEAD>
<BODY >
正文
</BODY>
</HTML>
```

这四对标签构成了基本的文档结构，可以将多对标签嵌入到一个文档中。HTML 可在记事本中书写，在存盘时，只需将文件格式改为 .html 即可。在浏览器中执行时，哪对标签出现问题，则相应标签的功能不被实现，系统并不报错，且不影响下面语句的执行，这就要求学生在书写代码时，仔细核对各组标签的语法是否正确，以便该标签的功能得以有效实现。

HTML 的基本结构解释如下：<HEAD>和</HEAD>这组标签是页面的头部分；<BODY>和</BODY>这对标签之间书写的是页面的内容部分，可包含文本、图像等内容；第三行这对标签用来书写文档的标题内容；第一行和第八行这对标签表明书写的是页面文档。

讲解要点：
　　通过实际的浏览体验，体会一个简单页面的设计和实现，理解并掌握 HTML 的基本结构。

2) HTML 的书写环境

使用记事本创建网页的步骤：

(1) 打开记事本；

(2) 输入 HTML 代码；

(3) 保存为*.html 或*.htm 文件，注意保存文件的格式问题；

(4) 打开网页预览效果。

讲解要点：

　　这里要注意，记事本是 Windows 自带的软件，在文件存盘时，一定要修改文件的扩展名，即在存盘时，将保存类型改为所有文件，并在主文件名后带有.html 或.htm。

3) HTML 常用标签

HTML 常用标签如下：

(1) <META>标签。

功能：用以说明主页制作所使用的文字以及语言，防止网页页面中出现乱码。

语法：<META　http-equiv="Content-Type" content="text/html; charset=gb2312">

备注：charset 可取值为 gb2312(简体中文)、big(繁体中文)、iso-8859-1(纯英文网页)。

(2) <FONT>标签。

功能：设置文本。

语法：<FONT　size="+3" color="red" face="隶书">。

其中，size 用来设置字体大小，color 可设置字体颜色，face 设置字形。

(3) <H#>标题标签(#=1, 2, 3, 4, 5, 6，#取值为 1 时字体最大，6 时最小)。

功能：设置标题。

语法：<H#> 内容</H#>。

例 5-1　标题标签的使用。设计标题标签页面，效果如图 5-2 所示。

图 5-2　标题标签页面演示效果

参考代码如下：

```
<HTML>
<HEAD>
<TITLE>不同等级标题标签对比</TITLE>
</HEAD>
<BODY>
    <H1>一级标题</h1>
    <H2>二级标题</h2>
    <H3>三级标题</h3>
    <H4>四级标题</h4>
    <H5>五级标题</h5>
    <H6>六级标题</h6>
</BODY>
</HTML>
```

(4) <P>段落标签、
换行标签。

功能：设置段落/换行效果。

语法：<P>内容</P>。

例 5-2 <P>和
标签举例，设计效果如图 5-3 所示。

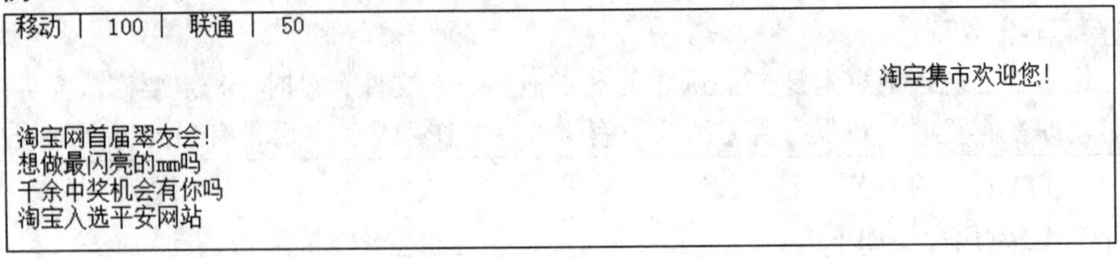

| 移动 | 100 | 联通 | 50 |

淘宝集市欢迎您！

淘宝网首届翠友会！
想做最闪亮的mm吗
千余中奖机会有你吗
淘宝入选平安网站

图 5-3 <P>和
标签举例

备注：第一行用的是 P 标签，第三行用的是 BR 标签。

参考代码如下：

```
<HTML>
<BODY>
  <P><FONT size="+2" color="red" >
       手机充值、IP 卡/电话卡 </FONT><BR>
       移动 |  100 |  联通  |  50</P>
       <P align="center">淘宝集市欢迎您！</P>
       <P align="left">淘宝网首届翠友会！<BR>
想做最闪亮的 mm 吗 <BR>
千余中奖机会有你吗 <BR>
       淘宝入选平安网站
</P>
</BODY>
</HTML>
```

(5) 图像标签。

功能：在页面中添加图像。

语法：<IMG src="路径" width="300" height="300" alt="明星演唱会开幕" >。

其中，src 表示图像的位置，width 表示图像的宽度，height 表示图像的高度，alt 表示鼠标停留在图片上显示的文字。

课堂练习 5-1：编写代码，完成如图 5-4 的页面效果。

图 5-4 课堂练习 5-1 页面演示效果

参考代码如下：

```
<HTML>
<HEAD>
<TITLE>明星一族</TITLE>
</HEAD>
<H1><FONT size=3 color="red">
<B>让我们看看这些明星们</B></FONT></H1>
<BODY>
<P><IMG src="images/adv_2.jpg" alt="明星巡回演出" width="120" height="80" align=BOTTOM> 底
部对齐</P>
<IMG src="images/adv_2.jpg" width="120" height="80" align=top> 顶部对齐
</BODY>
</HTML>
```

讲解要点：

上述的例题讲解中，要引导学生进行实际操作，掌握 HTML 的编写流程。使用陷阱法，在演示的时候留出陷阱，让学生发现后进行修改。

实施关键点：

课堂检验案例。

(6) <HR>标签。

功能：水平划线。

语法：<HR size="5" color="red" width="300">。

其中，size 表示线条的粗细，color 表示线条的颜色，width 表示线条的长度(其值也可以用百分比来表示，表示占屏幕的水平方向的百分比)。

(7) <OL>标签。

功能：有序列表。

语法：<OL type="1" >

　　　<LI>…</LI>

　　　<LI>…</LI>

　　　 </OL>

其中，type 可取值为"1、A、a、I、i"五种值。

(8) <UL> 标签。

功能：无序列表。

语法：<UL type="circle" >

　　　<LI>…</LI>

　　　<LI>…</LI>

　　　 </OL>

其中，type 可取值为"circle、disk、square"三种值。

(9) <PRE>标签。

功能：预定义标示符。

语法：<PRE>…</PRE>中书写预定的内容。

例 5-3　编写代码完成如图 5-5 所示的页面效果。

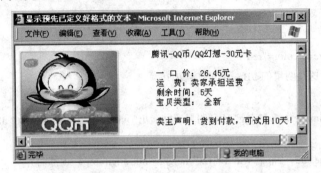

图 5-5　例 5-3 页面演示效果

参考代码如下：

```
<HTML>
<HEAD>
<META http-equiv="Content-Type" content="text/html; charset=gb2312">
<TITLE>显示预先已定义好格式的文本</TITLE>
</HEAD>


<BODY>
<PRE><IMG src="images/QQ.JPG" width="159" height="133" align="LEFT">
        腾讯-QQ 币/QQ 幻想-30 元卡


        一 口 价：26.45 元
        运　费：卖家承担运费
        剩余时间：5 天
        宝贝类型：　全新


        卖主声明：货到付款，可试用 10 天！


    </PRE>
    </BODY>
    </HTML>
```

(10) 页面链接<A>标签。

功能：链接到其他页面。

语法：<A　href="register/register.html">…</A>，双引号内是链接文件的路径和内容。

链接到其他页面的路径有两种方式：相对路径和绝对路径。相对路径是指相对于当前文件的文件位置，绝对路径是指从根目录到文件的完整路径。

备注：如下的语法功能是使用户从当前页面的一个地方"跳转"到该页面的另一处去。

完成这一功能，需要设计锚记标签，HTML 的 NAME 属性用于创建锚标记，语法如下：

<A name = "marker">主题名称</A>

为达到这种跳转效果，请在 HREF 参数中使用该标记。

<A href = "#marker">主题名称</A>

例如：

<A href="#helpme">[新人上路]</A>链接到锚标记所在位置

　　……

<A name="helpme">新人上路指南</A>定义锚点标志

例 5-4　编写代码完成如图 5-6 中(a)中箭头处跳转到(b)图所示的页面效果。

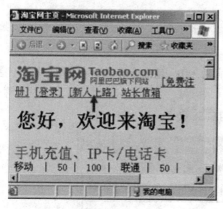

(a)

(b)

图 5-6　例 5-4 页面演示效果

部分代码如下(加粗部分是本例讲述的关键代码部分)所示：

```
<HEAD>
<META http-equiv="Content-Type" content="text/html; charset=gb2312" />
<TITLE>淘宝网主页</TITLE>
</HEAD>


<BODY bgcolor="#FFCCFF">
<IMG src="images/logo.gif" width="240" height="31"><A href="register.html">[免费注册]</A> <A
href="login.html">[登录]</A> <A href="#helpme">[新人上路]</A>
<A href="mailto:taobaoWebMater@taobao.com">站长信箱</A>
 <H1 align="center">您好，欢迎来淘宝！ </H1>


 ……
<A name="helpme">新人上路指南</A>
 ……
</BODY>
</HTML>
```

讲解要点：

　　上述的例题讲解中，要引导学生进行实际操作，掌握页内跳转的实现方法，主要掌握如何设置锚点、主题，以保证实现主题到锚点处的跳转。通过该案例学习页内跳转的实现方法，使用陷阱法，在编写代码时出现语法错误，演示则会出现问题，让学生发现并进行修改。

实施关键点：

　　课堂检验案例。

（11）<MARQUEE>标签。

功能：文字图片的滚动。

语法：<MARQUEE　　　scrolldelay ="100"　　　direction="up " >

　　　　滚动文字或图像

　　　　</MARQUEE>

其中，scrolldelay 表示滚动延迟时间，默认值为 90；direction 表示滚动的方向，默认为从右向左。

课堂练习 5-2：编写代码完成如图 5-7 所示的页面效果。

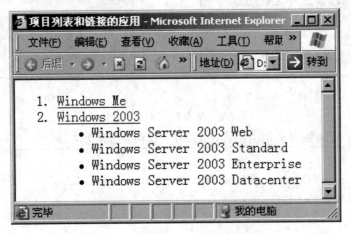

图 5-7　课堂练习 5-2 页面演示效果

　　参考代码如下：

```
<HTML>
<HEAD>
<META http-equiv="Content-Type" content="text/html; charset=gb2312">
<TITLE>项目列表和链接的应用</TITLE>
</HEAD>

<BODY>
 <OL>
     <LI><A href="windows_me.html" target="_self">Windows Me</A>
     <LI><A href="windows_2003.html" target="_self">Windows 2003</A>
```

```
            <UL type="disc">
            <LI>Windows Server 2003 Web
            <LI>Windows Server 2003 Standard
            <LI>Windows Server 2003 Enterprise
            <LI>Windows Server 2003 Datacenter
            </UL>
      </OL>
   </BODY>
</HTML>
```

讲解要点：

　　本例的重点是标签之间的嵌套。

4. 编程练习

(1) 编写代码完成如图 5-8 所示的页面效果。

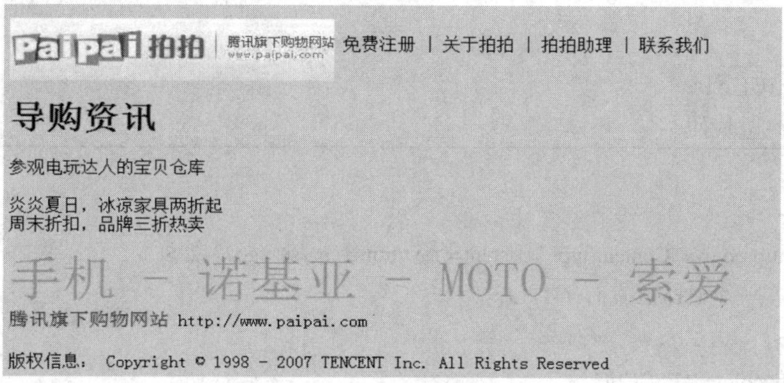

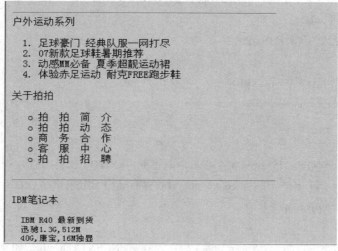

图 5-8　页面效果

(2) 编写代码完成如图 5-9 所示的页面效果。

图 5-9　页面效果

(3) 编写代码完成如图 5-10 所示的页面效果。

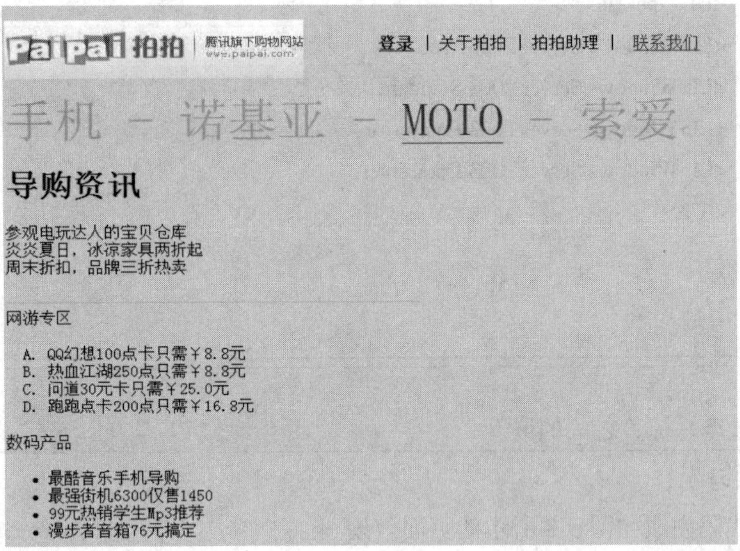

图 5-10　页面效果

参考代码如下：

练习(1)参考代码

```
<HTML>
<HEAD>
<META http-equiv="Content-type" content="text/html; charset=gb2312">
<TITLE>第一个 HTML 页面</TITLE>
</HEAD>
<BODY bgcolor="#FFCCFF" >
<IMG src="images/logo.JPG" width="290" height="60" alt="欢迎光临拍拍网" align="middle"> 
免费注册 | 关于拍拍 | 拍拍助理 | 联系我们
<H1> 导购资讯 </H1>
<P>参观电玩达人的宝贝仓库</P>
<P>
    炎炎夏日，冰凉家具两折起<BR>
    周末折扣，品牌三折热卖<BR>
</P>
<P>
    <FONT color="#FFA275" size="+6">手机 - 诺基亚 - MOTO - 索爱</FONT><BR>
    <FONT face="新宋体" size="4" color="#FF0000">腾讯旗下购物网站</FONT>
    http://www.paipai.com
</P>
版权信息：   Copyright &copy; 1998 - 2007 TENCENT Inc. All Rights Reserved
</BODY>
</HTML>
```

练习(2)参考代码

```
<HTML>
<HEAD>
<META http-equiv="Content-Type" content="text/html; charset=gb2312">
<TITLE>HTML 文本格式化</TITLE>
</HEAD>


<BODY   bgcolor="#CAE4FF">
    <HR size="1"   noshade width="400" align="left">
户外运动系列
<OL type="1">
   <LI>足球豪门 经典队服一网打尽</LI>
   <LI>07 新款足球鞋暑期推荐</LI>
   <LI>动感 MM 必备 夏季超靓运动裙</LI>
   <LI>体验赤足运动 耐克 FREE 跑步鞋</LI>
</OL>
关于拍拍
<UL type="circle">
   <LI>拍  拍  简  介</LI>
   <LI>拍  拍  动  态</LI>
   <LI>商  务  合  作</LI>
   <LI>客  服  中  心</LI>
   <LI>拍  拍  招  聘</LI>
</UL>
<HR size="1"   noshade width="400" align="left">
<P>IBM 笔记本
   <PRE>
   IBM R40  最新到货
   迅驰 1.3G,512M
   40G,康宝,16M 独显
   市场价：2898 元
   </PRE>
</P>
</BODY>
</HTML>
```

练习(3)参考代码

```
<HTML>
<HEAD>
```

```
<META http-equiv="Content-Type" content="text/html; charset=gb2312">
<TITLE>超链接</TITLE>
</HEAD>

<BODY bgcolor="#FFCCFF">
<P>
    <IMG src="images/logo.JPG" width="290" height="60" align="middle">    
    
    <A href="login.html"><B> 登 录 </B></A> |  关 于 拍 拍  |  拍 拍 助 理
 | 
    <A href="mailto:paipaiservice@paipai.service.com">联系我们</A>
</P>
<P>
    <FONT color="#FFA275" size="+6">手机 - 诺基亚 - <A href="#MOTO">MOTO</A> - 索爱
</FONT>
</P>
<H1> 导购资讯 </H1>
<P>
    参观电玩达人的宝贝仓库<BR>
    炎炎夏日，冰凉家具两折起<BR>
    周末折扣，品牌三折热卖
</P>
<HR size="1"　 color="#D0D0D0" noshade width="400" align="left">
网游专区
<OL type="A">
    <LI>QQ 幻想 100 点卡只需￥8.8 元</LI>
    <LI>热血江湖 250 点只需￥8.8 元</LI>
    <LI>问道 30 元卡只需￥25.0 元</LI>
    <LI>跑跑点卡 200 点只需￥16.8 元</LI>
</OL>
数码产品
<UL type="disc">
    <LI>最酷音乐手机导购</LI>
    <LI>最强街机 6300 仅售 1450</LI>
    <LI>99 元热销学生 Mp3 推荐</LI>
    <LI>漫步者音箱 76 元搞定</LI>
</UL>
    </BODY>
</HTML>
```

5. 任务实施

(1) 打开记事本；

(2) 编写抬头部分；

(3) 文本标签的使用；

(4) 列表的使用；

(5) 超链接的使用。

6. 任务测评

可按表所述内容进行任务测评。

序号	测 评 内 容	测 评 结 果	备　注
1	是否掌握 HTML 的基本理论	好、中、及格	
2	是否掌握文本的基本标签	好、中、及格	
3	是否掌握图文混排页面的设计	好、中、及格	
4	是否掌握列表标签的使用	好、中、及格	

5.2.3　任务 2　表格的使用

1. 任务描述

使用表格布局完成如图 5-11 所示的图文混排页面。

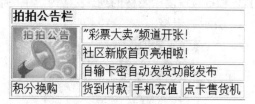

图 5-11　图文混排页面

2. 教学组织

通过展示任务案例，讲解表格的使用以及表格在网页设计中的重要作用。在讲授核心知识点时，可以采用对比教学法、课堂设问和提问法使同学们参与到课堂教学中来，具体组织如下所述(共计 195 分钟)。

1) 案例演示(5 分钟)

采用课堂设问和提问教学法，引导学员在案例演示过程中进行思考，以加深其对案例的了解。

2) 核心语法学习(40 分钟)

可采用快速阅读法、头脑风暴法和对比教学进行教学，同时，每一部分教学配合验证案例，主要内容包括表格的基本结构、表格标签常用属性、表格的美化和表格布局。

3) 典型示例解读(50 分钟)

建议采用任务分解法和课堂陷阱教学法对典型示例进行解读。注意使用课堂设问和提问教学法。

4) 现场编程(90 分钟)

使用现场编程教学法进行现场编程。

5) 自我评价、总结和作业布置(10 分钟)

学员分组对现场完成的编程案例进行自我评价，教师进行总结，重点对一些共性的错误进行分析，并布置课后作业。

3. 关键知识点

1) 表格的基本结构

在静态页面设计中，经常使用表格来设置制作"公告栏"页面的设计，从而使页面内容整齐明了。表格的基本结构如下：

```
<TABLE border="1">
<TR>
    <TD>
    ......
    <TD>
</TR>
</TABLE>
```

使用这三对标签来完成表格的设计，第一对<TABLE>和</TABLE>设计表格，<TR>和</TR>设计表格的行，<TD>和</TD>设计表格的列。表格内容书写在一对<TD> </TD>之间。

例 5-5　设置如图 5-12 所示的表格。

图 5-12　表格页面演示

页面设计代码如下：

```
<TABLE   border="2">
  <TR>
    <TD>移动</TD>
    <TD>联通</TD>
    <TD>铁通</TD>
  </TR>
  <TR>
    <TD>IBM</TD>
    <TD>惠普</TD>
    <TD>华硕</TD>
```

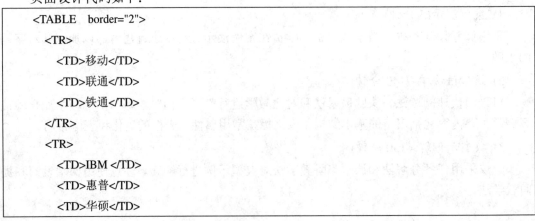

```
    </TR>
  </TABLE>
```

讲解要点：

　　上述的例题讲解中，要引导学生进行实际操作，理解表格在页面设计中的意义。掌握表格边线是用 TABLE 的 border 属性来实现。使用陷阱法，在演示的时候留出陷阱，让学生发现后进行修改。

实施关键点：

　　课堂检验案例。

2) 表格标签中常用的属性

表格标签中常用的属性如表 5-1 所示。

表 5-1　表格标签中常用的属性

名称	说　明
colspan	用来完成跨列
rowspan	用来完成跨行

● colspan。通过对该属性的赋值，可以设置列方向的单元格合并。

● rowspan。该属性的设置可以完成单元格行方向的合并。

例 5-6　设置如图 5-13 所示的表格效果。

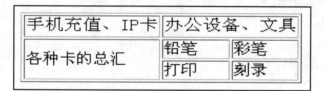

图 5-13　表格页面演示

参考代码如下：

```
<TABLE   border="1">
  <TR>
     <TD>手机充值、IP 卡 </TD>
     <TD colspan="2">办公设备、文具</TD>
  </TR>
  <TR>
     <TD rowspan="2">各种卡的总汇</TD>
     <TD>铅笔</TD>
     <TD>彩笔</TD>
  </TR>
  <TR>
     <TD>打印</TD>
     <TD>刻录</TD>
```

```
    </TR>
  </TABLE>
```

课堂练习 5-3：编写代码完成如图 5-14 所示的表格设计。

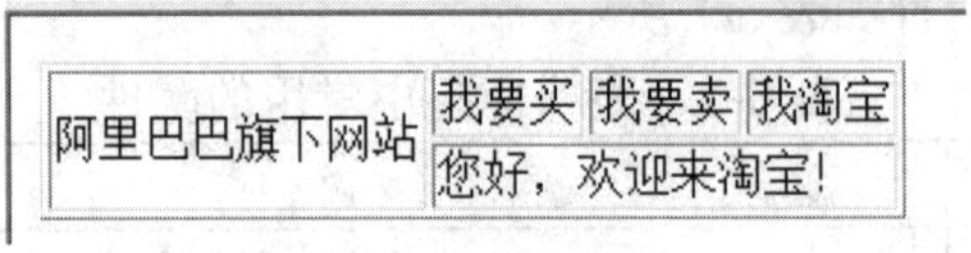

阿里巴巴旗下网站	我要买	我要卖	我淘宝
	您好，欢迎来淘宝！		

图 5-14　表格页面演示

参考代码如下：

```
<HTML>
<HEAD>
<META http-equiv="Content-Type" content="text/html; charset=gb2312" />
<TITLE>使用表格</TITLE>
</HEAD>
<BODY>
<TABLE   border="1">
  <TR>
    <TD   rowspan="2">阿里巴巴旗下网站</TD>
    <TD >我要买</TD>
    <TD >我要卖</TD>
    <TD >我淘宝</TD>
  </TR>
  <TR>
    <TD colspan="3">您好，欢迎来淘宝！</TD>
  </TR>
</TABLE>
</BODY>
</HTML>
```

3) 表格的美化

　　表格设计完成后，为了使显示的内容美观大方，还需要对表格进行美化。一般来说表
格的美化，主要有以下几个方面：表格的高度、宽度、单元格间距、背景图片、背景颜色
等等。表格美化常用的属性如表 5-2 所示。

表 5-2　表 格 属 性

名称	说　明
width	表格、单元格的宽度
height	表格、单元格的高度
border	表格边框宽度
bordercolor	表格边框的颜色
cellpadding	设置单元格边距
cellspacing	设置单元格间距

例 5-7　完成如图 5-15 所示的页面效果。

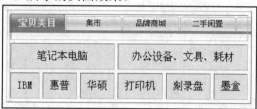

图 5-15　页面演示

设计该网页时，添加了表格的背景图片、设置了单元格的背景颜色、完成了单元格内容的对齐、设置了单元格的间距。

设计要点：
　　(1) 在页面中使用背景图片；
　　(2) 设置单元格的高度和宽度；
　　(3) 完成单元格的合并；
　　(4) 设置单元格内容的对齐。
实施关键点：
　　课堂检验案例；采用任务分解教学法。

参考代码如下：

```
<TABLE    height="100"  width= "50"  cellspacing="5"  cellpadding="10"  border="1"  background=
"images/type_back.jpg" >
    <TR>
        <TD colspan="6"> </TD>
    </TR>

    <TR bgcolor="#EBEFFF">
        <TD colspan="3" align="center" >笔记本电脑</TD>
        <TD colspan="3" align="center" >办公设备、文具、耗材</TD>
    </TR>
    ….
</TABLE>
```

课堂练习 5-4：完成如图 5-16 所示的页面设置。

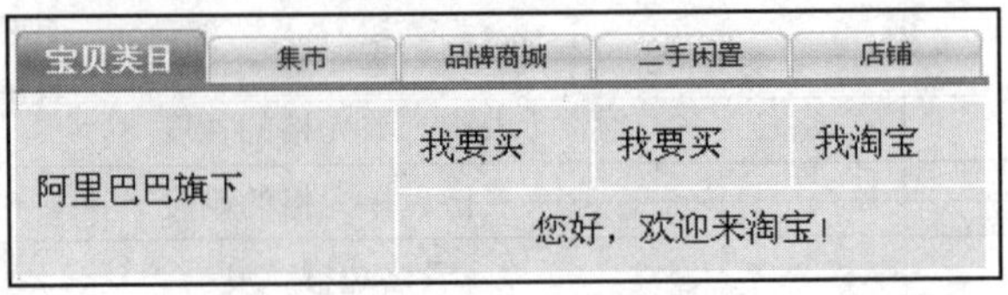

宝贝类目	集市	品牌商城	二手闲置	店铺
阿里巴巴旗下	我要买	我要买	我淘宝	
	您好，欢迎来淘宝！			

图 5-16 页面演示

参考代码如下：

```
<HTML>
<HEAD>
<META http-equiv="Content-Type" content="text/html; charset=gb2312" />
<TITLE>使用表格</TITLE>
</HEAD>

 <BODY>
<TABLE width="450" height="100" border="0" background="images/type_back.jpg" cellpadding="10">
  <TR>
    <TD colspan="4"> </TD>
  </TR>
  <TR bgcolor="#EBEFFF">
    <TD width="40%" rowspan="2">阿里巴巴旗下</TD>
    <TD width="20%" >我要买</TD>
    <TD width="20%" >我要买</TD>
    <TD width="20%">我淘宝</TD>
  </TR>
  <TR bgcolor="#EBEFFF">
    <TD colspan="3" align="center">您好，欢迎来淘宝！</TD>
  </TR>
</TABLE>
</BODY>
</HTML>
```

4) 简单的表格布局

在完成页面设计时，为了达到简洁整体的显示效果，常常使用表格进行页面布局，使整个页面看起来清晰明了。

如何完成如图 5-17 所示的页面设计？

图 5-17 页面演示

> 讲解要点：
>
> 　　上述的例题讲解中，要引导学生进行实际操作，掌握表格的简单布局，学会如何合理地设置表格单元格的高度和宽度，以及如何巧妙地使用背景图片装点表格。
>
> 实施关键点：
>
> 　　课堂检验案例；采用任务分解教学法。

参考代码如下：

```html
<TABLE width="298">
  <TR>
    <TD colspan="2"><IMG src="images/adv.jpg" /></TD>
  </TR>
  <TR>
    <TD width="122" rowspan="6" align="left" ><IMG
    src="images/wangyou.jpg" width="116" height="142" /></TD>
    <TD width="285"   >
    <A href="#">超值变形金钢 2.5 折!</A>
    </TD>
  </TR>
  <TR>
    <TD><A href="#">人们为啥对电视吼叫 </A></TD>
  </TR>
  ……
</TABLE>
```

课堂练习 5-5：完成如图 5-18 所示的页面设计。

图 5-18　页面演示

参考代码如下：

```html
<HTML>
<HEAD>
<META http-equiv="Content-Type" content="text/html; charset=gb2312">
<TITLE>小结编程 3</TITLE>
</HEAD>

<BODY>
<TABLE width="600" border="0">
  <TR>
    <TD width="300" rowspan="2"><IMG src="images/logo.gif" width="250" height="40"></TD>
```

```
        <TD width="100"><IMG src="images/banner_1.gif" width="51" height="24"></TD>
        <TD width="100"><IMG src="images/banner_2.gif" width="51" height="24"></TD>
        <TD width="100"><IMG src="images/banner_3.gif" width="73" height="24"></TD>
    </TR>
    <TR>
        <TD colspan="3" align="left">您好，欢迎来淘宝！<A href="#">[免费注册]</A></TD>
    </TR>
    </TABLE>
    </BODY>
</HTML>
```

4. 编程练习

(1) 完成如图 5-19 所示的页面的设计。

图 5-19   页面演示

(2) 完成如图 5-20 所示的页面的设计。

图 5-20   页面演示

(3) 完成如图 5-21 所示的页面的设计。

图 5-21   页面演示

参考代码如下：

练习(1)参考代码：

```
<HTML>
<HEAD>
<META http-equiv="Content-Type" content="text/html; charset=gb2312">
<TITLE>TABLE 的美化修饰</TITLE>
```

```
    </HEAD>
    <BODY>
    <TABLE width="957" border="0" background="images/naviBg.JPG">
      <TR>
        <TD width="529" rowspan="2"><IMG src="images/logo.JPG" width="290" height="60"></TD>
        <TD width="67" height="33" ><IMG src="images/buy.gif"    width="58" height="22"></TD>
        <TD width="67"><IMG src="images/sell.gif" width="58" height="22"></TD>
        <TD width="98"><IMG src="images/mypp.gif" width="83" height="22"></TD>
        <TD width="61"><IMG src="images/bbs.gif" width="45" height="22"></TD>
        <TD width="109">
          <IMG src="images/help.gif" width="13" height="13" align="absmiddle">
          <FONT size="-1" color="#FF0000">帮助中心</FONT>
      </TD>
      </TR>
      <TR>
        <TD height="28" colspan="2"><FONT size="-1" color="#FF6262"> 欢 迎 来 到 拍 拍 网！
</FONT></TD>
        <TD colspan="3">
        <FONT size="-1"><A href="#">[登录]</A> | <A href="#">[免费注册]</A> | <A href="#">[结
算中心]</A></FONT>
      </TD>
      </TR>
    </TABLE>
    </BODY>
    </HTML>
```

练习(2)参考代码：

```
    <HTML>
    <HEAD>
    <META http-equiv="Content-Type" content="text/html; charset=gb2312">
    <TITLE>橡果国际</TITLE>
    </HEAD>
    <BODY>
    <TABLE cellSpacing="0" cellPadding="0" width="901" align="center" border="0">
      <TR>
        <TD rowspan="2" width="181" height="71"><A href="/"><IMG src="images/logo.gif"
border="0"></A></TD>
        <TD width="215" rowspan="2"><IMG height="61" src="images/phone.gif" width="210"
border="0"></TD>
```

```
    <TD width="505" height="46"   align="right">
    <A href="#"><FONT size="-1">我的橡果</FONT></A> | <A href="#"><FONT size="-1">橡果客
服</FONT></A> |
    <A href="#"><FONT size="-1">橡果俱乐部</FONT></A> |
    <A href="#"><FONT size="-1">购物车</FONT></A> | <A href="#"><FONT size="-1">产品视频
</FONT></A>
    </TD>
    </TR>
    <TR>
    <TD   align="right"   height="22"><A   href="#"><FONT   size="-1">注 册 </FONT></A>  <A
href="#"><FONT size="-1">登录</FONT></A></TD>
    </TR>
    <TR>
    <TD   colspan="3"><IMG src="images/menu.jpg" width="900" height="27"></TD>
    </TR>
    </TABLE>
    </BODY>
    </HTML>
```

练习(3)参考代码：

```
    <HTML>
    <HEAD>
    <META http-equiv="Content-Type" content="text/html; charset=gb2312">
    <TITLE>无标题文档</TITLE>
    </HEAD>
    <BODY>
    <TABLE border="0" cellpadding="0" cellspacing="5" width="404">
    <TR>
    <TD colspan="4" ><IMG src="images/banner.JPG" width="738" height="231"></TD>
    </TR>
    <TR>
    <TD width="25%" valign="bottom"   background="images/index_26.gif">
    <IMG src="images/index_15.gif" width="39" height="16"> <FONT color="#01449d">视频排行
</FONT>
    </TD>
    <TD width="25%" valign="bottom" background="images/index_26.gif">
    <IMG src="images/index_15.gif" width="39" height="16"> <FONT color="#01449d">新闻排行
</FONT>
    </TD>
```

```
     <TD width="50%" valign="bottom" colspan="2" background="images/index_26.gif">
     <IMG src="images/index_15.gif" width="39" height="16"> <FONT color="#01449d">经典的 72 胜
10 负</FONT>
   </TD>
   </TR>
   <TR>
     <TD height="47" bgcolor="#E6F2FF">1--76 年 J 博士惊艳演出</TD>
     <TD bgcolor="#E6F2FF">1--姚明成冠军拼图基石</TD>
     <TD         rowspan="2"        align="center"        bgcolor="#E6F2FF"><IMG
src="images/070827bulls72140100s1.jpg"></TD>
     <TD         rowspan="2"        align="center"        bgcolor="#E6F2FF"><IMG
src="images/070827bulls72140100s3.jpg"></TD>
   </TR>
   <TR >
     <TD  bgcolor="#E6F2FF">2--巴克利职业生涯回顾</TD>
     <TD  bgcolor="#E6F2FF">2--穆大叔确认续约火箭</TD>
   </TR>
   </TABLE>
   </BODY>
   </HTML>
```

5. 任务实施

(1) 在记事本中完成基本表格的设计。

① 在记事本中编写 HTML 页面的基本标签，包括 HTML、HEAD、BODY 等标签。

② 在 BODY 标签中添加 5 行 4 列的表格标签，合并相应的单元格。

(2) 使用 IMG 标签完成图片的插入。在第二行的第一个单元格中添加 IMG 标签，将图片插入。

(3) 预览页面。

6. 任务测评

可按下表所述内容进行任务测评。

序号	测 评 内 容	测 评 结 果	备 注
1	是否掌握表格的基本标签	好、中、及格	
2	是否掌握表格标签的相关属性	好、中、及格	
3	是否掌握跨行跨列表格的设计	好、中、及格	
4	是否掌握表格美化的几个方面	好、中、及格	

5.2.4 任务 3 使用框架设计页面

1. 任务描述

使用 HTML 中的框架结构完成如图 5-22 所示内容。

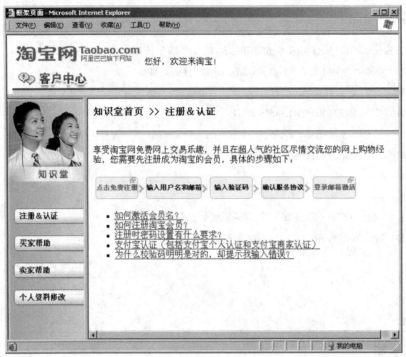

图 5-22 任务 3 程序运行结果

2. 教学组织

通过任务案例的演示，说明框架在网页设计中的作用和重要意义。在讲授核心语法时，可采用设问和提问教学法、对比教学法和现场编程教学法，多种教学法的使用能够吸引学员参与到课堂教学中来，具体的教学组织如下所述(共计 165 分钟)。

1) 案例演示(5 分钟)

采用课堂设问和提问教学法，引导学员在案例演示过程中进行思考，以加深其对案例的理解。

2) 核心语法学习(30 分钟)

可采用快速阅读法和对比教学法进行教学，同时，每一部分教学配合验证案例，主要内容包括框架的作用和意义、框架的基本语法和框架中常用的属性。

3) 典型示例解读(50 分钟)

建议采用任务分解法和课堂陷阱教学法对典型示例进行解读。注意使用课堂设问和提问。

4) 现场编程(50 分钟)

运用现场编程教学法进行现场编程。

5) 自我评价、总结和作业布置(10 分钟)

学员分组对现场完成的编程案例进行自我评价，教师进行总结，重点对一些共性的错误进行分析，并布置课后作业。

3. 关键知识点

1) 框架的基本结构

通常，HTML 使用<FRAMESET>标签嵌入 HTML 文档中来完成框架结构的设计，将<FRAME>嵌套在<FRAMESET>里完成页面的布局，<FRAME>可展示链接的页面。

<FRAMSET>的基本结构如下：

```
<HTML>
<HEAD>
<TITLE>框架</TITLE>
</HEAD>
<FRAMESET rows="25%,50%,*" border="5">
    <FRAME name="top" src="页面">
    <FRAME name="middle" src=页面">
    <FRAME name="bottom" src="the_third.html">
</FRAMESET>
</HTML>
```

上述代码中，第五行和第九行的作用是设计框架的结构，可以使用 rows 水平分割页面，也可以使用 cols 垂直分割页面，页面分割完毕后，使用<FRAME>显示相关的页面，整个页面设计完毕。具体的页面内容使用<FRAME>中 src 属性链接的具体页面实施。

2) <FRAMSET>执行

使用<FRAMSET>框架结构完成页面的分割如图 5-23 所示。可以看到框架将页面分成了三个窗口，即上、中、下三个窗口，分别显示了三个页面的内容。

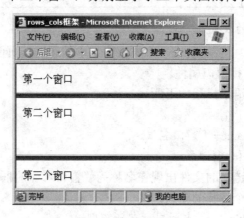

图 5-23　页面演示

完成框架设计的步骤如下：

(1) 首先设计好要显示的三个页面；

(2) 完成框架的设计；

(3) 将各个页面与框架连接起来；

(4) 浏览整个设计。

参考代码如下：

```
<HTML>
<HEAD>
<TITLE>rows_cols 框架</TITLE>
</HEAD>
<FRAMESET rows="25%,50%,*" border="5">
    <FRAME name="top" src="the_first.html">
    <FRAME name="middle" src="the_second.html">
    <FRAME name="bottom" src="the_third.html">
</FRAMESET>
</HTML>
```

讲解要点：

　　通过实际的浏览体验，从框架的设计到页面的链接，说明框架设计的基本步骤。

实施关键点：

　　完成上述框架的设计需要几个页面，通过网页浏览体验实例，理解框架设计的意义。

3) <FRAMSET>常用的属性

<FRAMSET>的常用属性如表 5-3 所示。

表 5-3　常 用 属 性

名　称	说　　明
frameborde	框架分割线
scrolling	窗口滚动

4) 框架中链接页面的设置

如果在同一个页面中，要实现在一个框架窗口中的超链接页面出现在另一个框架窗口中，则需要使用 target 目标窗口属性。

target 目标窗口属性语法描述如下所述。

name＝"显示的窗口名"

　　　<frame src=url name="窗口名">

　　　<a href=url target="窗口名>

target 属性指定了所链接的文件出现在名称为"窗口名"的框架窗口里。

target 目标属性有四个特殊的窗口：

<a href=url target="_blank"> 表示显示在新窗口；

<a href=url target="_self"> 表示显示在本窗口；

<a href=url target="_parent"> 表示显示在父窗口；

<a href=url target="_top"> 表示显示在整个浏览器窗口。

4. 任务实施

1) 顶部页面的设计

设计如图 5-24 所示的页面。

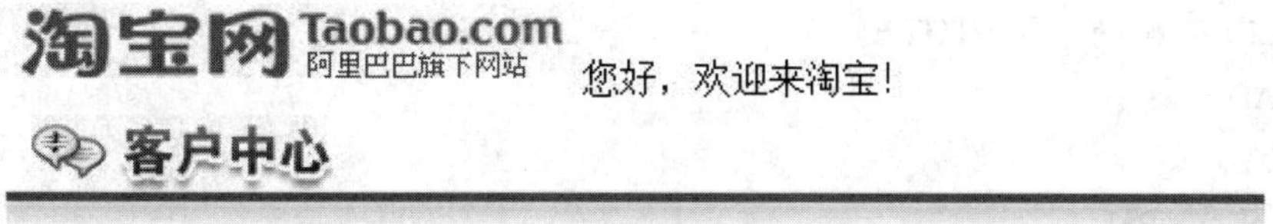

您好，欢迎来淘宝！

图 5-24　页面演示

参考代码如下：

```
<HTML>
<HEAD>
<TITLE>顶部广告页</TITLE>
</HEAD>
<BODY>
<P><IMG src="images/logo.gif" width="250" height="40" />您好，欢迎来淘宝！<BR />
    <IMG src="images/center.gif" width="148" height="39" /><BR />
<IMG src="images/blue_line.gif" width="955" height="18" /></P>
</BODY>
</HTML>
```

2) left.html 导航页面的设计

设计如图 5-25 所示的页面。

图 5-25　页面演示

参考代码如下：

```
<HTML>
<HEAD>
<META http-equiv="Content-Type" content="text/html; charset=gb2312" />
<TITLE>左侧导航页面</TITLE>
</HEAD>
<BODY>
<P> </P>
<P> </P>
<P> </P>
<P> </P>
<P> </P>
<P><A href="right.html" target="rightFrame">
 <IMG src="images/reg.jpg" width="158" height="31" border="0" /></A></P>
<P><A href="buy.html" target="rightFrame">
 <IMG src="images/buy.jpg" width="160" height="32" border="0" /></A></P>
<P><A href="sale.html" target="rightFrame">
 <IMG src="images/sale.jpg" width="158" height="31" border="0" /></A></P>
<P><IMG src="images/person.jpg" width="157" height="31" border="0" /></P>
</BODY>
</HTML>
```

3) right.html 注册页面的设计

设计如图 5-26 所示的页面。

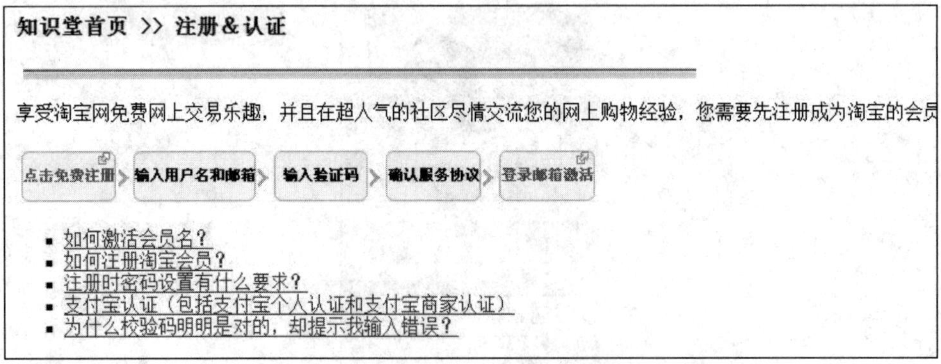

知识堂首页 >> 注册&认证

享受淘宝网免费网上交易乐趣，并且在超人气的社区尽情交流您的网上购物经验，您需要先注册成为淘宝的会员

- 如何激活会员名？
- 如何注册淘宝会员？
- 注册时密码设置有什么要求？
- 支付宝认证（包括支付宝个人认证和支付宝商家认证）
- 为什么校验码明明是对的，却提示我输入错误？

图 5-26　页面演示

参考代码如下：

```
<HTML>
<HEAD>
<META http-equiv="Content-Type" content="text/html; charset=gb2312" />
<TITLE>注册&认证</TITLE>
```

```
    </HEAD>

    <BODY>

    <H3>知识堂首页  &gt;&gt; 注册＆认证 </H3>
    <P><IMG src="images/reg_line.jpg" width="580" height="12" /></P>
    <P>享受淘宝网免费网上交易乐趣，并且在超人气的社区尽情交流您的网上购物经验，您需要先注
册成为淘宝的会员，具体的步骤如下：</P>
    <P><IMG src="images/reg_step.jpg" width="495" height="47" /></P>
    <UL type="square">
      <LI><A href="#">如何激活会员名？</A></LI>
      <LI><A href="#">如何注册淘宝会员？</A></LI>
      <LI><A href="#">注册时密码设置有什么要求？</A></LI>
      <LI><A href="#">支付宝认证(包括支付宝个人认证和支付宝商家认证)</A></LI>
      <LI><A href="#">为什么校验码明明是对的，却提示我输入错误？</A></LI>
    </UL>

    </BODY>
    </HTML>
```

4)　买家帮助　　链接的页面设计

设计如图 5-27 所示的页面。

知识堂首页 >>买家帮助

享受淘宝网免费网上购物乐趣，您需要了解淘宝的网上安全交易流程和网上购物的 4 步曲：

网上安全交易流程如下：

买家交易演示4步曲：

图 5-27　页面演示

参考代码如下：

```
<HTML>
<HEAD>
<META http-equiv="Content-Type" content="text/html; charset=gb2312" />
```

```
<TITLE>买家帮助</TITLE>
</HEAD>


<BODY>
<H3>知识堂首页 &gt;&gt;买家帮助 </H3>
<P><img src="images/reg_line.jpg" width="580" height="12" /></P>
<P>享受淘宝网免费网上购物乐趣,您需要了解淘宝的网上安全交易流程和网上购物的4步曲:</P>
<H4>网上安全交易流程如下: </H4>
<P><img src="images/buy_sep1.jpg" width="549" height="48" /></P>
<H4>买家交易演示4步曲: </H4>
<P><img src="images/buy_sep2.jpg" width="519" height="78" /></P>
</BODY>
</HTML>
```

5) 卖家帮助 链接页面的设计

设计如图 5-28 所示的页面。

图 5-28　页面演示

参考代码如下:

```
<HTML>
<HEAD>
<META http-equiv="Content-Type" content="text/html; charset=gb2312" />
<TITLE>卖家帮助页面</TITLE>
</HEAD>
```

```
<BODY>

<H3>知识堂首页 &gt;&gt; 卖家帮助 </H3>

<P><IMG src="images/reg_line.jpg" width="580" height="12" /></P>

<P>做淘宝网的卖家，拥有自己的个性小店，您需要了解淘宝网上交易要点，请看卖宝贝的步骤：
</P>

<P><IMG src="images/sale_step.jpg" width="568" height="307" /></P>

<P> </P>

</BODY>

</HTML>
```

6）框架结构页面设计

设计如图 5-29 所示的页面。

图 5-29　页面演示

参考代码如下：

```
<HTML>

<HEAD>

<META http-equiv="Content-Type" content="text/html; charset=gb2312" />

<TITLE>创建多框架页面</TITLE>

</HEAD>

<FRAMESET rows="20%,*" frameborder="no"

border="0" framespacing="0">

    <FRAME src="top.html" name="topFrame" scrolling="No" noresize="noresize" id="topFrame"
title="topFrame" />

    <FRAMESET cols="20%,*" framespacing="0"
```

```
                    frameborder="no" border="0">
    <FRAME src="left.html" name="leftFrame"
scrolling="No" noresize="noresize"    />
    <FRAME src="main.html" name="rightFrame"    />
  </FRAMESET>
</FRAMESET>
</HTML>
```

讲解要点:

本例的重点是框架页面的设计、target 属性的使用及如何实现页面之间的链接。

5. 编程练习

完成如图 5-30 所示的页面设计。

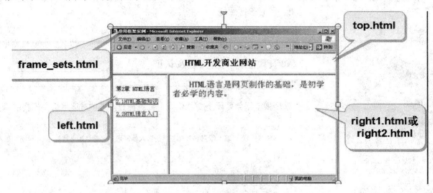

图 5-30　页面设计结果

6. 任务测评

可按下表所述内容进行任务测评。

序号	测 评 内 容	测 评 结 果	备 注
1	掌握框架标签意义	好、中、及格	
2	掌握框架标签的相关属性用法	好、中、及格	
3	掌握 target 标签的意义和使用	好、中、及格	

5.2.5　任务 4　制作 CSS 样式特效页面

1. 任务描述

使用 CSS 样式完成如图 5-31 的表格美化效果。

2. 教学组织

通过展示任务案例，说明 CSS 样式的基本语法，讲授 CSS 样式的核心语法。在讲授过程中，可采用对比教学法、3W1H 教学法、课堂设问和提问教学法，引导学员参与到课堂教学中来(共计 330 分钟)。

图 5-31　任务 4 程序运行图

1) 案例演示(10 分钟)

采用课堂设问和提问教学法、3W1H 教学法、课堂设问和提问教学法，引导学员在案例演示过程中进行思考，以加深其对案例的了解。

2) 核心语法学习(80 分钟)

可采用快速阅读法、头脑风暴法、旋转木马法和对比教学进行教学，同时，每一部分教学配合验证案例，主要内容包括 CSS 样式的基本语法和 CSS 的三种样式及其使用。

3) 典型示例解读(110 分钟)

建议采用任务分解法和课堂陷阱教学法对典型示例进行解读。注意使用课堂设问和提问。

4) 现场编程(120 分钟)

使用现场编程教学法进行现场编程。

5) 自我评价、总结和作业布置(10 分钟)

学员分组对现场完成的编程案例进行自我评价，教师进行总结，重点对存在的问题进行分析，并布置课后作业。

3. 关键知识点

1) CSS 样式的基本结构

使用 CSS 样式表能够实现内容与样式的分离，方便团队开发。通常 CSS 样式代码书写在<STYLE>标签中，这是最基本的样式结构之一，<STYLE>之间是样式的基本内容。CSS 样式的基本结构如下：

```
<STYLE   type="text/css">
    选择器   { 属性：属性值；属性：属性值…}
      ……
</STYLE>
```

其中，选择器可以是 HTML 中合法的标签，通过这样的定义后，选择器所定义的样式效果在任何使用该选择器的地方都具有作用。

例 5-8　完成如图 5-32 所示的页面设计。

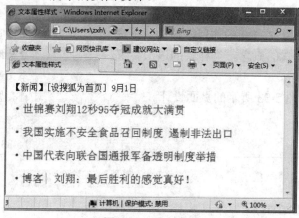

图 5-32　页面演示

参考代码如下：

```
<HTML>
<HEAD>
<META http-equiv="Content-Type" content="text/html; charset=gb2312">
<TITLE>文本属性样式</TITLE>
<STYLE type="text/css">
p
{      font-size: 20px;
       color:red;
face:   隶书;}
</STYLE>
</HEAD>
<BODY>
【新闻】[设搜狐为首页]9 月 1 日
<p class="bigFont">·世锦赛刘翔 12 秒 95 夺冠成就大满贯</p>
<p>·我国实施不安全食品召回制度  遏制非法出口</p>
<p>·中国代表向联合国通报军备透明制度举措</p>
<p class="bigFont">·博客| 刘翔：最后胜利的感觉真好！  </p>
</BODY>
</HTML>
```

讲解要点：
　　通过实际的浏览体验，理解样式意义和样式的语法定义。
实施关键点：
　　选择器在此处的功能以及该标签功能的对比。

　　在上例中定义了 P 标签的样式，从程序的运行
结果看，所有使用 P 标签的地方具有相同的效果，
这就是样式的意义，一次定义，多次使用。但是如
果其他的标签也想使用 P 样式的作用，该如何处理
呢？这里引入了类样式的概念。类样式的语法定义
如例 5-9 所示。

图 5-33　页面演示

　　例 5-9　完成如图 5-33 所示的页面设计。
　　参考代码如下：

```
<HTML>
<HEAD>
<TITLE>样式规则</TITLE>
<STYLE type="text/css">
```

```
            .red
                { color:red; font-family:"隶书"; }
    </STYLE>
    </HEAD>
    <BODY>
    <H2 class="red">静夜思</H2>
    <P class="red">床前明月光，</P>
    <P class="red">疑是地上霜。</P>
    <P>举头望明月，</P>
    <P class="red">低头思故乡。</P>
    </BODY>
    </HTML>
```

讲解要点：

　　这里要注意，第三诗句的效果和其他几句的显示效果显然不同，这就是类在该句中没有使用。

实施关键点：

　　类样式的语法。

在样式使用中，文本常用的属性及属性值如表 5-4 所示。

表 5-4　文 本 属 性

文本属性	说　明
font-size	字体大小
font-family	字体类型
font-style	字体样式
color	设置或检索文本的颜色
text-align	文本对齐

　　思考：在此案例中，P 标签的样式和类 bigFont 的样式设计是否能调换？如果可以，那么上述代码段哪里需要修改，页面的效果是否一样？

　　课堂练习 5-5：设计如图 5-34 所示页面。

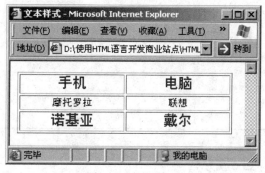

图 5-34　页面演示

参考代码如下:

```
<HTML>
<HEAD>
<META http-equiv="Content-Type" content="text/html; charset=gb2312">
<TITLE>文本样式</TITLE>
<STYLE type="text/css">
/*  表格单元格小字体的样式*/
TD
{     font-size:20px;
      font-family:"黑体";
      color:red;
      text-align:center;
          }
/*  大字体的样式*/
.smallFont
{      font-size: 14px;
       color:blue;          }
</STYLE>
</HEAD>
<BODY>
<TABLE width="300" border="1">
   <TR>
     <TD width="150">手机</TD>
     <TD width="150">电脑</TD>
   </TR>
   <TR>
     <TD class="smallFont">摩托罗拉</TD>
     <TD class="smallFont">联想</TD>
   </TR>
    <TR>
     <TD width="150">诺基亚</TD>
     <TD width="150">戴尔</TD>
   </TR>
 </TABLE>
 </BODY>
 </HTML>
```

2) 常用样式

(1) 背景的属性如表 5-5 所示。

表 5-5　背 景 属 性

背景属性	说　　明
background-color	设置背景颜色
background-image	设置背景图像
background-repeat	设置一个指定的图像如何被重复 可取值 repeat-x、　repeat、　no-repeat、repeat-y

(2) 方框的样式属性如表 5-6 所示。

表 5-6　方 框 属 性

属　　性	CSS 名称	说　　明
边界属性	margin-top	设置对象的上边距
	margin-right	设置对象的右边距
	margin-bottom	设置对象的下边距
	margin-left	设置对象的左边距
边框属性	border-style	设置边框的样式
	border-width	设置边框的宽度
	border-color	设置边框的颜色
填充属性	padding-top	设置内容与上边框之间的距离
	padding-right	设置内容与右边框之间的距离
	padding-bottom	设置内容与下边框之间的距离
	padding-left	设置内容与左边框之间的距离

(3) 特殊样式(超链接)如表 5-7 所示。

表 5-7　超 链 接 属 性

	说　　明
a:link {color: #FF0000}	未被访问的链接——红色
a:visited {color: #00FF00}	访问过的链接——绿色
a:hover {color: #FFCC00}	鼠标悬浮在上的链接——橙色
a:active {color: #0000FF}	鼠标点中激活链接——蓝色

例 5-10　使用超链接样式完成如图 5-35 所示的页面效果,并且鼠标停留在页面上时文字是红色,鼠标离开时文字是蓝色。

手机	电脑
诺基亚 ｜ 摩托罗拉	联想 ｜ 戴尔

图 5-35　页面演示

参考代码如下:

```
<HTML>
<HEAD>
```

```
<META http-equiv="Content-Type" content="text/html; charset=gb2312">
<TITLE>文本样式</TITLE>
<STYLE type="text/css">
  A{      /*设置无下划线的超链接样式*/
color: blue;
text-decoration: none;
    }
  A:hover{ /*鼠标在超链接上悬停时变为颜色*/
    color: red;
    }
</STYLE>
</HEAD>
<BODY>
<TABLE width="300" border="1">
   <TR>
      <TD width="150">手机</TD>
      <TD width="150">电脑</TD>
   </TR>
   <TR>
      <TD><A href="#">诺基亚</A> | <A href="#">摩托罗拉</A></TD>
      <TD><A href="#">联想</A> | <A href="#">戴尔</A></TD>
   </TR>
</TABLE>
</BODY>
</HTML>
```

讲解要点：
　　上述的例题讲解中，要引导学员进行实际操作，理解链接样式的使用和意义，掌握特殊超链接的四种应用。使用陷阱法，在演示的时候留出陷阱，让学生发现后进行修改。
实施关键点：
　　课堂检验案例。

例 5-11　实现如图 5-36 所示样式的效果。

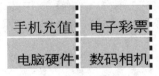

图 5-36　页面演示

参考代码如下：

```
<HTML>
<HEAD>
<META http-equiv="Content-Type" content="text/html; charset=gb2312">
<TITLE>表格虚线框的样式</TITLE>
<STYLE type="text/css">
.tableBorder
{
        border-right-width: 3px;
        border-right-color:red;
        border-right-style:dashed;
        padding-top:20px;
        padding-left:10px;
}
TR{
background:yellow;
}
</STYLE>
</HEAD>

<BODY>
<TABLE border="0">
  <TR>
    <TD class="tableBorder">手机充值</TD>
    <TD class="tableBorder">电子彩票</TD>
  </TR>
  <TR>
    <TD class="tableBorder">电脑硬件</TD>
    <TD class="tableBorder">数码相机</TD>
  </TR>
</TABLE>
</BODY>
</HTML>
```

讲解要点：
　　上述的例题讲解中，要引导学生进行实际操作，掌握样式的灵活运用、标签样式的定义、类样式的定义以及这些样式的使用。使用陷阱法，在演示的时候留出陷阱，让学生发现后进行修改。
实施关键点：
　　课堂检验案例。

3) 样式表的三类应用方式

(1) 内嵌样式表。

内嵌样式表语法如下：

```
<HEAD>
        <STYLE type="text/css">
        样式规则
        </ STYLE>
</HEAD>
```

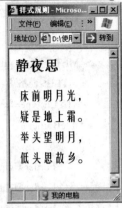

图 5-37　页面演示

其功能是本网页内的所有同类标签都采用统一样式。

例 5-12　使用 CSS 样式完成如图 5-37 所示页面的效果。

参考代码如下：

```
<HTML>
<HEAD>
<TITLE>样式规则</TITLE>
<STYLE type="text/css">
 P { color:red; font-family:"隶书"; font-size:24px;}
</STYLE>
</HEAD>
<BODY>
<H2>静夜思</H2>
<P>床前明月光，</P>
<P>疑是地上霜。</P>
<P>举头望明月，</P>
<P>低头思故乡。</P>
</BODY>
</HTML>
```

讲解要点：

　　通过实际的浏览体验，理解样式意义和样式的语法定义。

实施关键点：

　　选择器在此处的功能及其和该标签功能的对比。

(2) 行内(嵌入)样式表。

行内样式表语法如下：

<标签　　style = "样式内容">

其功能是某段文字和其他段落文字显示风格不一样。

例 5-13　使用行内样式完成如图 5-38 所示效果。

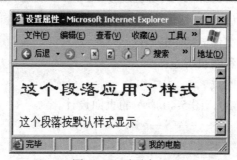

图 5-38　页面演示

参考代码如下：

```
<HTML>
<HEAD>
<TITLE>设置属性</TITLE>
</HEAD>
<BODY>
<P style = "color:red;font-size:30px;font-family:隶书;">
这个段落应用了样式
<P>
这个段落按默认样式显示
</BODY>
</HTML>
```

讲解要点：
　　通过实际的浏览体验，理解行内样式的使用和其语法的定义。
实施关键点：
　　选择器在此处的功能及其和该标签功能的对比。

(3) 外部样式表文件。

语法：根据样式文件与网页的关联方式，外部样式表又分为链接(LINK)外部样式表和导入(@import)外部样式表。

功能：使网站中多个页面的样式保持一致。

➢ 使用 LINK(链接)标签的语法如下：

```
<HEAD>
<LINK href="newstyle.css" rel="stylesheet" type="text/css">
</HEAD>
```

➢ 使用@import 导入的语法如下：

```
<HEAD>
<STYLE TYPE="text/css">
@ import newstyle.css;
</STYLE>
</HEAD>
```

使用外部样式的步骤如下：

第一步，创建样式表文件 newstyle.css；

第二步，把样式文件和网页绑定；

第三步，浏览查看各网页。

例 5-14 完成如图 5-39、图 5-40 所示的页面设计。

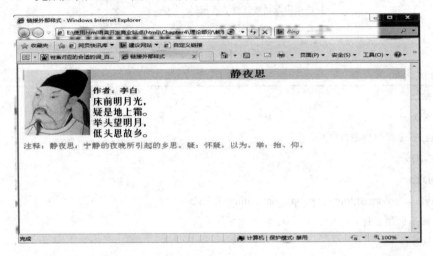

图 5-39　页面演示

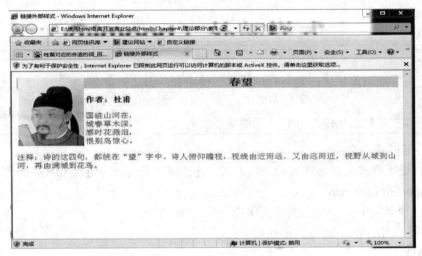

图 5-40　页面演示

参考代码如下：

● 外部样式代码如下：

```
P {
      /*设置段落<P>的样式：字体和背景色*/
  font-family: System;
  font-size: 18px;
  color: #FF00CC;
  }
```

```
H2 {
/*设置<H2>的样式：背景色和对齐方式*/
background-color: #CCFF33;
text-align: center;
}
A {        /*设置超链接不带下划线，text-decoration 表示文本修饰*/
          color: blue;
text-decoration: none;
}
A:hover {        /*鼠标在超链接上悬停，带下划线*/
          color: red;
          text-decoration:underline;
}
```

● "静夜思"的代码如下：

```
<HTML>
<HEAD>
<TITLE>链接外部样式</TITLE>
<STYLE type="text/css">
@import newstyle.css;
</STYLE>
</HEAD>
<BODY>
<P><IMG src="libai.jpg" width="140" height="170" align="left"></P>
<H2>静夜思</H2>
<H3><A href="#">作者：李白</A></H3>
 <P> 床前明月光，<BR>
      疑是地上霜。<BR>
      举头望明月，<BR>
      低头思故乡。</P>
 <P>注释：
静夜思：宁静的夜晚所引起的乡思。
疑：怀疑，以为。
举：抬、仰。</P>
</BODY>
</HTML>
```

● "望春"的代码如下：

```
<HTML>
<HEAD>
```

```
<TITLE>链接外部样式</TITLE>
<STYLE type="text/css">
@import newsyle.css;
</STYLE>
</HEAD>
<BODY>
<P><IMG src="dufu.jpg" width="140" height="170" align="left"></P>
<H2>春望</H2>
<H3><A href="#">作者：杜甫</A></H3>
 <P> 国破山河在, <BR>
      城春草木深。<BR>
      感时花溅泪, <BR>
      恨别鸟惊心。</P>
 <P>注释：
诗的这四句，都统在"望"字中。诗人俯仰瞻视，视线由近而远，又由远而近，视野从城到山河，
再由满城到花鸟。</P>
 </BODY>
 </HTML>
```

讲解要点：

  上述的例题讲解中，要引导学生进行实际操作，掌握外部样式代码的书写，并能够使用两种方式将外部样式与相关页面捆绑。

实施关键点：

  课堂检验案例。

4) DIV 使用

DIV 元素用来为 HTML 文档内大块的内容提供结构和背景的元素。

例 5-15　使用 DIV 完成如图 5-41 所示的页面效果。

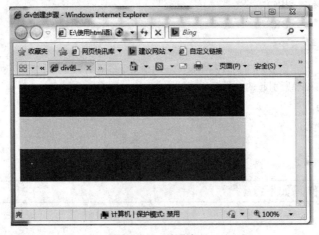

图 5-41　页面演示

参考代码如下：

```
<HTML>
<HEAD>
<TITLE>div 创建步骤</TITLE>
 <STYLE type="text/css">
<!--
#Layer1 {
      position:absolute;
      left:9px;
      top:12px;
      width:418px;
      height:58px;
      z-index:1;
      background-color: #FF0000;
}
#Layer2 {
      position:absolute;
      left:9px;
      top:72px;
      width:419px;
      height:55px;
      z-index:2;
      background-color: #FFFF00;
}
#Layer3 {
      position:absolute;
      left:9px;
      top:128px;
      width:419px;
      height:58px;
      z-index:3;
      background-color: #009900;
}
 -->
</STYLE>
</HEAD>

<BODY>
<DIV id="Layer1"></DIV>
```

```
<DIV id="Layer2"></DIV>

<DIV id="Layer3"></DIV>

</BODY>

</HTML>
```

讲解要点：

　　这里要注意，DIV 样式的书写。

实施关键点：

　　常用属性的掌握。

4．编程练习

(1) 完成如图 5-42 所示的页面设计。

◆ NBA中文官方站	◆ NBA最新动态	◆ NBA官方视频
直播	球员全方位	每日十佳球
赛程	NBA大篷车	精彩比赛
排名	篮球无疆界	经典回顾

图 5-42　页面演示

(2) 完成如图 5-43 所示的页面设计。

图 5-43　页面演示

(3) 完成如图 5-44 所示的页面设计。

商品类目	店铺大堂	拍卖专区	一元专区	▸ 查看所有类目
手机充值 － IP卡 － 电话卡		网游 － 点卡 － 金币 － 代练		
移动		魔兽		

图 5-44　页面演示

参考代码如下：

练习(1)的代码：

```
<HTML>

<HEAD>

<META http-equiv="Content-Type" content="text/html; charset=gb2312">

<TITLE>CSS 样式表练习</TITLE>
```

```html
<STYLE type="text/css">
.A1 { color:#000000; text-align:center; text-decoration:none; font-size:12px}
.A1:hover { text-decoration:underline; font-size:14px}
.TR1 { color:#59ACFF; font-size:12px}
.TR2 { color:#EE9388; font-size:14px }
TABLE { background-color:#C1FFFF;text-align:center; border:1 solid #FF8080 }
.A2 { color:#0000FF; text-align:center; text-decoration:none; font-size:12px}
.A2:hover {    color:#FF0000; text-decoration:underline; font-size:14px}
A{ text-decoration:none; color:#FF8F59}
</STYLE>
</HEAD>

<BODY>
<TABLE width="600" height="217" border="1">
  <TR >
     <TH width="200"><IMG alt="v" src="images/061207_mop_04.gif"> <A href="#" class="A1">
NBA 中文官方站</A></TH>
     <TH width="200"><IMG alt="v" src="images/061207_mop_04.gif"> <A href="#" class="A1">
NBA 最新动态</A></TH>
     <TH ><IMG alt="v" src="images/061207_mop_04.gif"> <A href="#" class="A1">NBA 官方视频
</A></TH>
  </TR>
  <TR>
    <TD><A href="#" class="A2">直播</A></TD>
    <TD><A href="#">球员全方位</A></TD>
    <TD><A href="#">每日十佳球</A></TD>
  </TR>
  <TR class="TR1">
    <TD height="61"><A href="#" >赛程</A></TD>
    <TD><A href="#" class="A2">NBA 大篷车</A></TD>
    <TD><A href="#">精彩比赛</A></TD>
  </TR>
  <TR class="TR2">
    <TD><A href="#" >排名</A></TD>
    <TD><A href="#">篮球无疆界</A></TD>
    <TD><A href="#" class="A2">经典回顾</A></TD>
  </TR>
</TABLE>
```

```
</BODY>
</HTML>
```

练习(2)的代码：

```
<HTML>
<HEAD>
<META http-equiv="Content-Type" content="text/html; charset=gb2312">
<TITLE>行内样式练习</TITLE>
</HEAD>
<BODY>
<TABLE width="337" border="1">
  <TR>
    <TD colspan="4" style="background-color:#9393FF; text-align:center; font-size:24px"><B>拍拍公
告栏</B></TD>
  </TR>
  <TR>
    <TD rowspan="3"><IMG src="images/ppgg.JPG" width="90" height="71"></TD>
    <TD colspan="3" style="color:#FFA64D">"彩票大卖"频道开张！</TD>
  </TR>
  <TR>
    <TD colspan="3">社区新版首页亮相啦！</TD>
  </TR>
  <TR>
    <TD colspan="3" style="background-color:#8EC7FF">自输卡密自动发货功能发布</TD>
  </TR>
  <TR style="background-color:#77BBBB; color:red">
    <TD style="font-size:18px; font-family:'隶书'; font-weight:bold">积分换购</TD>
  <TD>货到付款</TD>
  <TD>手机充值</TD>
  <TD>点卡售货机</TD>
  </TR>
</TABLE>
</BODY>
</HTML>
```

练习(3)的代码：

```
<HTML>
<HEAD>
<META http-equiv="Content-Type" content="text/html; charset=gb2312">
<TITLE>内嵌样式表</TITLE>
```

```
<STYLE type="text/css">
TABLE {background-image:url(images/background.jpg)}
.tr1 {
        background-color:#EBEFFF;
        text-align:center;
        font-size:18px;
        font-weight:bold;
        color:#0000FF
    }
.td1 {color:#FF0000}
.a    { color:#FF00FF; text-decoration:none}
.a:link {color:#FF8000}        /* 未被访问的链接  橙色 */
.a:hover {color:#8080C0; text-decoration:underline}    /* 鼠标悬浮在上的链接  紫色 */
.td2 { background-color:#9FE3FD; text-align:center; font-size:14px}
.tr2 {background-color:#8080FF}
</STYLE>
</HEAD>

<BODY>
<TABLE width="550" height="134" border="1">
  <TR>
    <TD height="30" colspan="4"> </TD>
  </TR>
  <TR class="tr1">
    <TD colspan="2"><A class="a" href="#">手机充值 - IP 卡 - 电话卡</A></TD>
    <TD colspan="2" class="td1"><A href="#">网游 - 点卡 - 金币 - 代练</A></TD>
  </TR>
  <TR   class="tr2">
    <TD width="132" class="td2">移动</TD>
    <TD width="131"><A class="a" href="#">联通</A></TD>
    <TD width="132" class="td2">魔兽</TD>
    <TD width="132"><A class="a" href="#">跑跑卡丁车</A></TD>
  </TR>
</TABLE>
</BODY>
</HTML>
```

5. 任务实施

(1) 使用 CSS 设计样式；

(2) 使用表格标签完成表格设计；

(3) 使用样式美化表格；

(4) 预览页面。

6. 任务测评

可按下表所述内容进行任务测评。

序号	测 评 内 容	测 评 结 果	备 注
1	是否掌握 CSS 样式的基本语法	好、中、及格	
2	是否掌握 CSS 三种样式及其使用	好、中、及格	

5.2.6 任务5 项目案例讲解

1. 任务描述

淘宝首页设计(页面部分截图如图 5-45 所示)。

图 5-45 页面演示

2. 教学组织

通过展示任务案例，将前面的 HTML 基本框架、表格、表格布局、DIV 层的使用有机地结合在一起，使学员在进行整体页面规划时有参考依据。在案例讲解中使用对比教学法、3W1H 教学法、现场编程教学法、课堂设问和提问教学法吸引学生参与课堂活动，具体组织如下所述(共计 185 分钟)。

1) 案例演示(5 分钟)

采用课堂设问和提问教学法，引导学员在案例演示过程中进行思考，以加深其对案例的了解。

2) 核心语法学习(40 分钟)

可采用快速阅读法、头脑风暴法、旋转木马法和对比教学进行教学，同时，每一部分教学配合验证案例，主要内容包括 DIV+表格布局、表格的使用和 CSS 样式的使用。

3) 现场编程(140 分钟)

运用现场编程教学法进行现场编程。

3. 任务实施

1) 素材整理

整理好所有的素材，并把它们存放在同一文件夹下，以备设计页面时使用。

2) 页面规划

(1) 页面内容居中，因此在页面中采用 3 个 DIV，分别是 HEAD、content、foot，分别放置在页面的首部、主要内容和底部，在每个 DIV 中又采用表格进行布局。语法如下：

```
<HTML>
<HEAD>
<META http-equiv="Content-Type" content="text/html; charset=gb2312">
<TITLE>文本属性样式</TITLE>

</HEAD>

<BODY>
<DIV id="head" align="center">
页面首部内容
</DIV>
<DIV id="content" align="center">
页面主要内容
</DIV>
<DIV id="foot" align="center">
页面底部部内容
</DIV>
</BODY>
</HTML>
```

(2) 页面的内容采用表格布局。

页面首部内容布局参考代码如下所述。

```
<TABLE width="957" border="0" cellpadding="0" cellspacing="0" background="images/headBg.gif">
    <!--logo-->
    <TR>
        <TD width="544" rowspan="2" background="images/naviBg.JPG">
        <IMG src="images/logo.JPG" width="290" height="60" border="0">
        </TD>
        <TD  width="69"  height="33" ><IMG  src="images/buy.gif"  width="58"  height="22"
border="0"></TD>
        <TD  width="69"><A  href="#"><IMG  src="images/sell.gif"  width="58"  height="22"
```

```
border="0"></A></TD>
        <TD  width="100"><A  href="#"><IMG  src="images/mypp.gif"  width="83"  height="22"
border="0"></A></TD>
        <TD  width="63"><A  href="DW1.html"><IMG  src="images/bbs.gif"  width="45"  height="22"
border="0"></A></TD>
        <TD width="112">    <IMG        src="images/help.gif"        width="13"        height="13"
align="absmiddle">
        <A href="#"><FONT size="-1" color="#FF0000">帮助中心</FONT></A>
        </TD>
    </TR>
    <TR>
        <TD height="30" colspan="2"><FONT   color="#FF6262">欢迎来到拍拍网！</FONT></TD>
        <TD colspan="3">
        <FONT size="-1"><A href="#">[登陆]</A> | <A href="#">[免费注册]</A> | <A href="#">[结
算中心]</A></FONT>
        </TD>
    </TR>
        <!--logo   end-->
  <TR>
  <TD height="59" colspan="6" ><IMG src="images/sarch.jpg"></TD>
  </TR>
  </TABLE>
```

页面主要内容布局采用表格嵌套布局，参考代码如下所述。

```
<TABLE  width="957" border="0" cellpadding="0" cellspacing="0">
<!--第一行 2 周年广告-->
 <TR><TD colspan="4"><IMG src="images/2years.gif"></TD></TR>
<!-- 第一行结束 -->
<!--第二行公告,flash,滚动商品,免费开店   -->
 <TR>
        <TD width="272"><IMG src="images/daogou.jpg"></TD>
        <TD width="302">
        <OBJECT                     classid="clsid:D27CDB6E-AE6D-11cf-96B8-444553540000"
codebase="http://download.macromedia.com/pub/shockwave/cabs/flash/swflash.cab#version=7,0,19,0"
width="297" height="352">
            <PARAM name="movie" value="images/flash.swf">
            <PARAM name="quality" value="high">
            <EMBED           src="images/flash.swf"                QUALITY="high"
PLUGINSPACE="http://www.macromedia.com/go/getflashplayer"   TYPE="application/x-shockwave-flash"
```

```
width="297" height="352"></EMBED>
            </OBJECT>
        </TD>
        <TD width="181">
            <MARQUEE scrolldelay ="200" height="350"  direction="up" onMouseOver="this.stop()"
onMouseOut="this.start()" >
                <A    href="#"><IMG    src="images/1.gif"    width="95"    height="72"    border="0"
align="middle">"Avon"  化妆品</A><BR>
                <A    href="#"><IMG    src="images/2.gif"    width="95"    height="72"    border="0"
align="middle">雅诗兰黛化妆品 </A><BR>
                <A    href="#"><IMG    src="images/4.gif"    width="95"    height="72"    border="0"
align="middle">索尼爱立信手机</A><BR>
                <A    href="#"><IMG    src="images/3.gif"    width="95"    height="72"    border="0"
align="middle">iRiver 超酷 MP3</A>
            </MARQUEE>
        </TD>
        <TD width="202"><IMG src="images/right.jpg"></TD>
    </TR>
<!-- 第二行结束 -->
<!--第三行开始-->
    <TR>
        <TD colspan="3" valign="top">
            <TABLE width="754"   border="0" cellpadding="0" cellspacing="0">
<!--商品类目   -->
            <TR><TD colspan="2"><IMG src="images/goodsType.jpg"></TD></TR>
<!--商品频道列表一 数码商品开始-->
            <TR>
                <TD width="156" >
                    <TABLE cellpadding="0" cellspacing="0">
                        <TR><TD width="154"><IMG src="images/digiTitle.gif" /></TD></TR>
                        <TR><TD><IMG src="images/digitpro.jpg" /></TD></TR>
                    </TABLE>
                </TD>
                <TD width="598" class="line">
                    <TABLE width="598" cellpadding="0" cellspacing="0" >
                        <TR>
                            <TD width="90" height="103" class="channelList" >
                            <A    href="#"><IMG    src="images/w500c.gif"        width="65"
height="65" border="0" /><BR>
```

```
                                索爱手机<BR />享乐音乐</A></TD>
                                <TD width="84" class="channelList" >
                                <A href="#"><IMG src="images/box.gif"    width="65" height="65"
border="0" /><BR>
                                超酷 MINI 音箱<BR />25 元起卖<BR /></A></TD>
                                <TD width="79" class="channelList" >
                                <A    href="#"><IMG    src="images/earphone.gif"        width="65"
height="65" border="0" /><BR>
                                工包耳机<BR />只要 10 元</A></TD>
                                <TD width="108" class="channelList" >
                                <A href="#"><IMG src="images/mp3.gif"    width="65" height="65"
border="0" /><BR>
                                魅族 Mp3<BR />拍友最爱</A></TD>
                                <TD width="103" class="channelList" >
                                <A    href="#"><IMG    src="images/wandian.gif"        width="65"
height="65" border="0" /><BR>
                                灰常多的腕垫<BR />灰常赞的价格</A></TD>
                                <TD width="102" class="channelList" >
                                <A    href="#"><IMG    src="images/camera.gif"        width="65"
height="65" border="0" /><BR>
                                Sony T 系列<BR />最高跌 500</A></TD>
                        </TR>
                        <TR >
                                <TD width="90" height="88" >
                                    <A href="#"><IMG height="70" alt=" 拍 拍 网 数 码 频 道 "
src="images/phone.gif" border="0" width="80" /></A>
                                </TD>
                                <TD colspan="2" class="advance">
                                <UL>
                                        <LI><A href="">最酷音乐手机导购</A></LI>
                                        <LI><A href="">最强街机 6300 仅售 1450</A></LI>
                                        <LI><A href="">99 元热销学生 Mp3 推荐</A></LI>
                                        <LI><A href="">漫步者音箱 76 元搞定</A></LI>
                                        </UL>
                                </TD>
                        <TD width="108">
                                    <A href=""><IMG height="70" alt="07 暑假最热卖数码"
src="images/pc.gif" border="0" width="80" /></A>
                                </TD>
```

```html
                        <TD colspan="2" class="advance">
                        <UL>
                                <LI><A href="">帅呆了的电脑耳机大推荐!</A></LI>
                                <LI><A href="">移动硬盘大热卖 80G 不到 400 块</A></LI>
                                <LI><A href="">1G DDR2 内存，低于 300!</A></LI>
                                <LI><A href="">高品质手写板 50 元起!</A></LI>
                        </UL>
                        </TD>
                    </TR>
                    </TABLE>
                </TD>
            </TR>
    <!--商品频道列表一 数码商品结束-->
        </TABLE>
        </TD>
<!--点卡和社区图片-->
    <TD rowspan="2"><IMG src="images/right2.jpg" width="197" height="606"></TD>
    </TR>
<!--第三行结束-->
<!--频道商品二 网游频道-->
    <TR>
        <TD colspan="3">
            <TABLE width="754"   border="0" cellpadding="0" cellspacing="0">
                <TR>
                <TD width="134" >
                    <TABLE cellpadding="0" cellspacing="0">
                        <TR><TD width="132"><IMG src="images/gameTitle.gif" /></TD></TR>
                        <TR><TD><IMG src="images/codecard.gif" /></TD></TR>
                    </TABLE>
                </TD>
                <TD   class="line">
                <TABLE cellpadding="0" cellspacing="0" >
                    <TR>
                    <TD width="95"    height="103" clas="channelList2" >
                <A   href="#"><IMG   src="images/index_jinwutuan.gif"  alt=" 索 爱 手 机   享 乐 音 乐 "
border="0"/><BR>
                劲舞团<BR>￥8.49 元</A>
                    </TD>
                <TD width="95"    class="channelList2" >
```

```
                <A href="#"><IMG src="images/index_wow.gif" alt="500W 像素摄像头，39.9 元起卖"
border="0" /><BR>
            魔兽世界<BR />￥25.9 元<BR /></A>
            </TD>
            </TR>
            <TR >
        <TD height="88" colspan="2" ><A href="#"></A>
        <UL>
        <LI ><A href="#">QQ 幻想 100 点卡只需￥8.8 元</A> </LI>
        <LI ><A href="#">热血江湖 250 点卡只需￥8.8 元</A> </LI>
        <LI><A href="#">问道 30 元卡只需￥25.0 元</A> </LI>
        <LI><A href="#">跑跑点卡 200 点只需￥16.8 元</A> </LI>
        </UL>
        </TD>
            </TR>
            </TABLE>
        </TD>
        <TD>
        <TABLE cellpadding="0" cellspacing="0">
        <TR><TD width="132"><IMG src="images/sportTitle.gif" /></TD></TR>
        <TR><TD><IMG src="images/nbashose.jpg" /></TD></TR>
        </TABLE>
            </TD>
            <TD   class="line">
        <TABLE   cellpadding="0" cellspacing="0" >
            <TR>
        <TD width="125" class="channelList2" >
        <A href="#"><IMG src="images/sport_52.gif" alt="魅族 Mp3 拍友最爱" border="0"   /><BR>
        阿迪 35 周年<BR />年度人气王</A>
        </TD>
        <TD width="107" class="channelList2" >
        <A href="#"><IMG src="images/sport_51.gif" alt="新款指环鼠，38 元起卖" border="0" /><BR>
                NIKE 板鞋<BR />130 元起</A>
        </TD>
        <TD width="109"   class="channelList2" >
        <A   href="#"><IMG   src="images/sport_54.gif"   alt="Sony T 系列 最高跌 500"  border="0"
/><BR>
        阿迪时尚 T 恤<BR />99 元封顶</A>
        </TD>
```

```
      </TR>
       <TR >
    <TD height="92" colspan="3"><A href=""></A>
    <UL>
      <LI><A href="#">足球豪门 经典队服一网打尽</A> </LI>
      <LI><A href="#">07 新款足球鞋暑期推荐</A> </LI>
      <LI><A href="#">动感 MM 必备 夏季超靓运动裙</A> </LI>
      <LI><A href="#">体验赤足运动 耐克 FREE 跑步鞋</A> </LI>
    </UL>
    </TD>
     </TR
       </TABLE>
    </TD>
  </TR>
  <!--商品频道列表二 网游体育频道结束-->
      </TABLE>
    </TD>
  </TR>
</TABLE>
```

页面底部内容布局参考代码如下：

```
<TABLE   width="957" border="0" cellpadding="0" cellspacing="0">
<TR><TD height="50" bgcolor="#FFB3FF">这里是页面底部版权部分</TD></TR>
</TABLE>
```

（3）CSS 样式的使用。在页面中使用了较多的 CSS 样式，CSS 样式采用了标签选择器和类选择器，具体样式如下：

```
<STYLE type="text/css">
p
{     font-size: 20px;
        color:red;
face:  隶书;<HTML>
<HEAD>
<META http-equiv="Content-Type" content="text/html; charset=gb2312">
<TITLE>DIV 布局首页</TITLE>
<STYLE type="text/css">
td{font-size:12px}
.line{background:url(images/digiBg.gif) top repeat-x; text-align:center}
.channelList{border-bottom:1px dashed #d3d3d3;height:104px;margin:10px 0 0 10px; float:left}
.channelList a{  color:#000000;  text-decoration:none;display:block;float:left;height:100px;width:95px;
```

```
overflow:hidden;text-align:center}
    .channelList a:hover{text-decoration:underline; color:#FF0000}
    .advance{ padding-top:5px;line-height:15px}
    .channelList2{border-bottom:1px   dashed   #d3d3d3;height:104px;  width:65px;margin:0  0  0  0px;
float:left;}
    .channelList2 a{ color:#000000; text-decoration:none;display:block;float:left;height:100px;width:95px;
overflow:hidden;text-align:center}
    .channelList2 a:hover{text-decoration:underline; color:#FF0000}
    </STYLE>
```

4. 任务测评

按下表所述内容进行任务测评。

序号	测 评 内 容	测 评 结 果	备　注
1	是否掌握 DIV+表格的布局	好、中、及格	
2	是否掌握表格的使用	好、中、及格	
3	是否掌握 CSS 三种样式的使用	好、中、及格	

模块 6 JavaScript 开发技术

6.1 教学设计

JavaScript 开发技术模块主要学习 JavaScript 脚本的客户端编程技术，是在 HTML 网页设计的基础上优化客户端浏览体验的脚本编程技术。本模块主要包括三个项目案例，共 18 课时。本模块的教学内容如下表所述。

模块内容	项 目 名 称	课时分配(学时)
模块内容	项目 1：制作拍拍网购物简易计算器页面	6
	项目 2：网页时钟页面的设计和事件驱动程序的设计	6
	项目 3：CSS 样式特效设计	6
学习目的	(1) 能基本掌握 JavaScript 的核心语法； (2) 能使用函数和事件驱动机制编写简单的案例； (3) 能使用 Date 对象进行简单的时钟特效设计； (4) 能设计简单的 CSS 动态效果页面	
教学活动 组织	本模块采用理实一体教学，在计算机实训室授课，每堂课主要由以下部分组成： (1) 课程目标和课程案例演示(每个项目案例的开始部分的案例演示)； (2) 课程回顾； (3) 本项目的任务； (4) 知识(技能)讲解； (5) 知识技能小结； (6) 编程任务描述； (7) 现场编程练习； (8) 编程任务讲解和小结； (9) 总结和布置作业	
教学方法	(1) 基本教学方法：3W1H 教学方法，课堂设问和提问	
	(2) 进阶教学方法：对比教学方法，现场编程教学方法，快速阅读法，头脑风暴法	
	(3) 高级教学技巧：课堂陷阱教学法	

续表

	项目名称	阶段	评价要点
效果评价	项目1 制作拍拍网购物简易计算器页面	项目准备	(1) 是否熟悉 Dreamweaver 编程环境; (2) 是否了解 JavaScript 的基本语法
		项目实施	(1) 正确设计 HTML 页面中的标签元素; (2) 使用正确的语法编写输出语句; (3) 正确编写弹出对话框语句; (4) 正确设计程序逻辑
		项目展示	(1) 网页界面设计功能完整; (2) JavaScript 编码规范; (3) 程序编码实现功能正确
	项目2 网页时钟页面的设计和事件驱动程序的设计	项目准备	(1) 是否熟悉 JavaScript 的自定义函数; (2) 是否已经掌握 JavaScript 的程序编写的基本流程; (3) 是否理解事件驱动的机制; (4) 设计项目编程的 HTML 页面
		项目实施	(1) 是否正确设计 HTML 页面中的标签元素; (2) 是否正确编写自定义函数; (3) 是否完整地设计事件驱动的程序逻辑; (4) 是否正确设计定时器的编程逻辑
		项目展示	(1) 网页界面设计功能完整; (2) JavaScript 编码规范; (3) 程序编码实现功能正确
	项目3 CSS 样式特效设计	项目准备	(1) 是否熟悉 CSS 的常用属性; (2) 是否掌握典型的 CSS 样式; (3) 设计项目编程的 HTML 页面
		项目实施	(1) 正确设计 HTML 页面中的标签元素; (2) 是否正确编写 CSS 特效的脚本; (3) 是否正确编写事件驱动程序逻辑
		项目展示	(1) 网页界面设计功能完整; (2) JavaScript 编码规范; (3) 程序编码实现功能正确

6.2 项目 1——制作拍拍网购物简易计算器页面

6.2.1 项目介绍

本项目内容如下表所述。

项目描述	通过"制作拍拍网购物简易计算器页面"项目案例，了解 JavaScript 的语法、执行流程和功能，掌握 JavaScript 的基本语法、系统函数的基本用法和自定义函数的设计方法，理解基本的编程步骤、调试程序的基本方法	
项目内容	任务 1　设计重复输出多个欢迎信息	150 分钟
	任务 2　设计购物简易计算器	120 分钟

6.2.2　任务 1　设计重复输出多个欢迎信息

1. 任务描述

使用 JavaScript 语言中的循环语句和输入语句在网页中输出如图 6-1 所示内容。

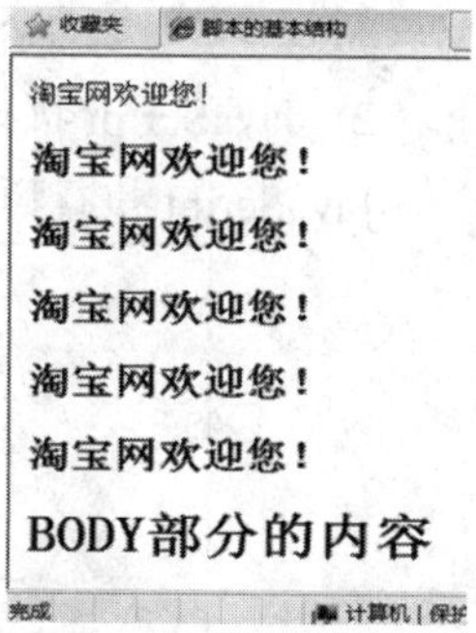

2. 教学组织

通过展示任务案例，说明脚本的结构和执行原理，讲授 JavaScript 的核心语法。在讲授核心语法的时候，可以采用对比教学吸引学生参与课堂活动，具体组织如下所述(共计 150 分钟)。

图 6-1　程序运行图

1) 案例演示(10 分钟)

采用课堂设问和提问教学法，引导学员在案例演示过程中进行思考，以加深其对案例的了解。

2) 核心语法学习(60 分钟)

可采用快速阅读法、头脑风暴法、旋转木马法和对比教学进行教学，同时，每一部分教学配合验证案例，主要内容包括脚本的基本结构、JavaScript 执行原理、JavaScript 基本语法、JavaScript 中的变量和 JavaScript 的语句。

3) 典型示例解读(40 分钟)

建议采用任务分解法和课堂陷阱教学法对典型示例进行解读。注意使用课堂设问和提问。

4) 任务实施(30 分钟)

采用现场编程教学法进行现场编程。

5) 自我评价、总结和作业布置(10 分钟)

学员分组对现场完成的编程案例进行自我评价(考虑按照分组情况，每组选取一名学员讲解和自评)，教师进行总结，重点对一些共性的错误进行分析，并布置课后作业。

3. 关键知识点

1) 脚本的基本结构

通常 JavaScript 代码通过<script>标记嵌入 HTML 文档，可以将多个脚本嵌入到一个文档中，只需将每个脚本都封装在<script>标记中即可，浏览器在遇到<script>标记时，将逐行读取内容，到遇到</script>结束标记为止，然后，浏览器检查 JavaScript 语句的语法，如果有任何错误，就会在警告框中显示，如果没有错误，浏览器将编译并执行语句。

脚本的基本结构如下：

```
<script>
<!--...
(JavaScript 代码)...
//-->
</script>
```

第二行和第四行的作用，是让不懂<script>标记的浏览器忽略 JavaScript 代码，一般可以省略，因为现在想找不懂<script>的浏览器，恐怕就连博物馆里也没有了。第四行前边的双反斜杠"//"是 JavaScript 里的注释标号，以后将学到。

2) JavaScript 执行原理

JavaScript 执行原理如图 6-2 所示。

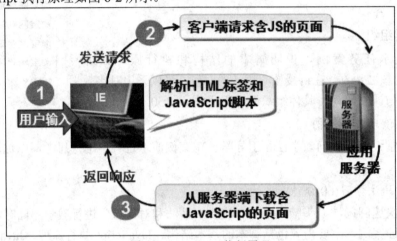

图 6-2　JavaScript 执行原理

其执行过程可分三步：

(1) 浏览器接收用户请求；

(2) 向服务器段请求某个包含 JavaScript 脚本的页面；

(3) 应用服务器向浏览器发送响应消息，把页面发回浏览器。

讲解要点：

　　通过实际的浏览体验，讲解用户输入网址-DNS 域名解析服务器-浏览器的顺序说明，JavaScript 的客户端执行的基本流程。

实施关键点：

　　通过网页浏览体验的实例，引入 JavaScript 的原理。

3) JavaScript 基本语法

每一句 JavaScript 都有类似于以下的格式：

<语句>；

其中分号"；"是 JavaScript 语言作为一个语句结束的标识符。虽然现在很多浏览器都允许用回车充当结束符号，但是培养用分号作结束的习惯仍然是很好的。

语句块；

语句块是用大括号"{ }"括起来的一个或 n 个语句。在大括号里边是几个语句，但是在大括号外边，语句块是被当作一个语句的。语句块是可以嵌套的，也就是说，一个语句块里边可以再包含一个或多个语句块。

4）JavaScript 中的变量和运算符

在 JavaScript 中，声明变量的时候，不需要指定变量的类型，变量的类型由赋给变量的值确定。

另外，在 JavaScript 中，变量是使用关键字 var 声明的，格式如下：

var　合法的变量名

其中，var 是声明变量所使用的关键字，"合法的变量名"是遵循 JavaScript 变量命名规则的变量名，可以在声明变量的同时给变量赋值，例如：

var count=10;

也可以在一行中声明多个变量，变量之间用逗号分隔：

var x, y, z=10;

讲解要点：

　　JavaScript 在声明变量的时候不说明类型，变量实际是有类型的，在赋值后呈现变量的类型。通过实例进行讲解说明，可以使用 typeof 函数进行类型呈现。

实施关键点：

　　对比其他语言中的基本语法和变量进行比较提问。

5）运算符号

运算符号如表 6-1 所示。

表 6-1　运　算　符　号

类型	运算符						
算术运算符	+	−	*	/	%	++	−−
赋值运算符	=						
比较运算符	>	<	>=	<=	==	!=	
逻辑运算符	&&	‖	!				

6）JavaScript 的语句

JavaScript 的基本的输出语句如下：

document.write("输出的信息")

JavaScript 中的语句包括三类：顺序、条件判断和循环语句。

(1) 顺序语句。

试用顺序语句进行编程，完成：

① 计算长方形的周长和面积(长和宽在两个变量中保存)；

② 输出"hello world"。

逻辑控制语句用于控制程序的执行顺序，在 JavaScript 中，逻辑控制语句主要分为条件语句和循环语句。

(2) 条件语句的基本语法如下：

if(表达式)

{ 　JavaScript 　语句1; 　}

else

{ 　JavaScript 　语句2; 　}

例 6-1 判断偶数，并判断变量是否是 5 的倍数(JavaScript 关键代码)。

参考代码如下：

```
<SCRIPT>
var n=12; //定义变量
if(n%5==0)　//判断 n 对 5 取余数，余数为 0 吗？
{
    document.write("是 5 的倍数");　//判断成立
}
else{
    document.write("不是 5 的倍数"); //判断不成立
}
</SCRIPT>
```

例 6-2 判断分数及格与否(进一步可以判断分数是否合理)(JavaScript 关键代码)。

参考代码如下：

```
<SCRIPT>
var n=85; //定义变量
if(n>=60)　//判断变量 n 中保存的分数值是否大于 60？
{
    document.write("分数及格");　//判断成立
}
else{
    document.write("分数不及格"); //判断不成立
}
</SCRIPT>
```

例 6-3 输出两个变量的最大值(最小值)(JavaScript 关键代码)。

参考代码如下：

```
<SCRIPT>
var n=85; //定义变量
var m=15; //定义变量
if(n>m)　//判断变量 n 是否大于变量 m？
{
    document.write("n");　//判断成立
}
else{
    document.write("m"); //判断不成立
```

```
    }
    </SCRIPT>
```

讲解要点：

　　上述的例题讲解中，要引导学生进行实际操作，掌握 JavaScript 脚本的编写流程。使用陷阱法，在演示的时候留出陷阱，让学生发现后进行修改。

实施关键点：

　　课堂检验案例。

例 6-4　判断变量表示的年份是不是闰年。

闰年判断依据：

- 若某个年份能被 4 整除但不能被 100 整除，则是闰年。
- 若某个年份能被 400 整除，则也是闰年。

参考代码如下：

```
<SCRIPT>
var year=2014; //定义变量
if(year %4==8 && year %100!=0 || year%400==0)
{
    document.write(year+"年是闰年");   //判断成立
}
else{
    document.write(year+"年不是闰年"); //判断不成立
}
</SCRIPT>
```

讲解要点：

　　本例的重点是逻辑与或的操作，在对闰年的判断逻辑进行完整分析的基础上，进行演练。主要注意以下两点：

　　(1) 理解取余数运算；

　　(2) 掌握逻辑与或操作。

　　在讲解的时候，结合对闰年的常识，将自然语言转换为程序语言，注意为学员归纳总结编程的基本步骤，具体如下所述。

　　(1) 编写脚本标签；

　　(2) 分析是否需要定义变量，定义几个变量，是否需要赋值；

　　(3) 进行程序基本输出操作；

　　(4) 程序的逻辑运算；

　　(5) 程序的运行结果的输出。

　　(3) 循环结构的基本语句如下：

　　　　for(初始化;条件;增量或减量)

针对图 6-1 所示的设计的参考代码如下：

```html
<HTML>
<HEAD>
<TITLE>脚本的基本结构</TITLE>
<SCRIPT language="JavaScript">
    var count=0;
    document.write("淘宝网欢迎您！ ");
    for(i=0;i<5;i++)
  {
        document.write("<H2>淘宝网欢迎您！ </H2>");
  }
</SCRIPT>
</HEAD>
<BODY>
<H1> BODY 部分的内容</H1>
</BODY>
</HTML>
```

说明：document.write()语句表示向页面中输出信息，需要输出的信息可以是文本和带格式标记的文本。

讲解要点：
　　本例的重点是理解 for 循环的基本结构。在讲解中要注意以下两点：
　　(1) for 循环中的三个部分：初始化、结束条件、步长变化，每一部分的执行顺序；
　　(2) 如何输出有格式的文本。例如红色、粗体、其他字号的文本，要通过 HTML 中的格式标签进行输出，理解 HTML 与 JavaScript 脚本的结合。
实施关键点：
　　课堂检验案例。

4. 任务实施

在学习关键知识的基础上，开始实施任务 1，具体步骤如下：

步骤 1：启动 Dreamweaver CS4，新建 HTML 页面，进入代码视图。

步骤 2：创建如图 6-3 所示的 JavaScript 脚本标签。

```html
<title>无标题文档</title>
</head>
<script language="javascript">

</script>
<body>
```

图 6-3　创建 JavaScript 标签

步骤 3：添加重复输出欢迎信息的 JavaScript 脚本代码和其他 HTML 标签。

步骤 4：在 Dreamweaver CS4 中，点击"在浏览器中预览/调试"按钮，在浏览器中查看页面效果，如图 6-5 所示。

```
<script language="javascript">
var count=0;
    document.write("淘宝网欢迎您! ");
    for(i=0;i<5;i++)
    {
        document.write("<H2>淘宝网欢迎您! </H2>");
    }

</script>
<body>
<H1> BODY部分的内容</H1>
```

图 6-4　添加的脚本

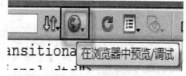

图 6-5　在浏览器中查看界面

5. 任务测评

可按下表所述内容进行任务测评。

序号	测 评 内 容	测 评 结 果	备　注
1	是否基本掌握关键知识点	好、中、及格	
2	是否能正确地实施任务开发的步骤	好、中、及格	
3	是否能正确运行 JavaScript 程序	好、中、及格	
4	编码是否具备较好的规范性	好、中、及格	
5	页面设计是否美观合理	好、中、及格	

6. 练习

(1) 输出 1～10 的 10 个数字，效果如图 6-6 所示。

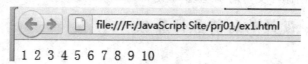

图 6-6　程序运行图

提示：

➢ 使用 for 循环结构实现；

➢ 输出采用 document.write()函数实现。

(2) 打印直线组成的梯形，效果如图 6-7 所示。

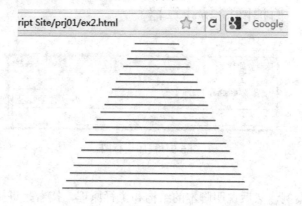

图 6-7　程序运行图

提示：
➢ 使用 for 循环结构实现；
➢ 横线采用<hr>标签显示，使用 width 属性设置长度；
➢ width 长度的设置与 for 循环的变量关联。
(3) 输出 1~100，每行显示 10 个数字，效果如图 6-8 所示。

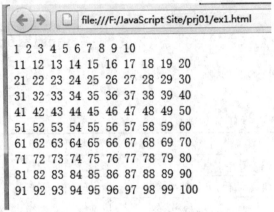

图 6-8　程序运行图

提示：
➢ 使用 for 循环结构实现；
➢ 每 10 个数字换行，换行使用 document.write("<br>")方法实现；
➢ 换行条件采用循环变量对 10 取余数是否为 0 判断。

6.2.3　任务 2　设计购物简易计算器

1. 任务描述

在网上购物中，我们经常需要进行购物金额的计算，计算器是常用的网页工具。本任务通过设计如图 6-9 所示的网页计算器，学习 JavaScript 编程的各种对话框和数据处理。

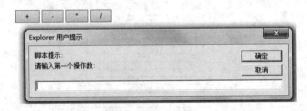

图 6-9　程序运行图

2. 教学组织

首先展示项目案例，然后说明脚本的结构和执行原理，接着是讲授 JavaScript 的核心知识点。在讲授核心知识点的时候，可以采用对比教学吸引学生参与课堂活动，具体可以分解为如下步骤(共计 120 分钟)。

1) 回顾和作业讲解(10 分钟)

课程回顾教学中，可以采取课堂设问和提问教学，并且根据学生情况对上次课程中的关键内容提取关键字，通过这些关键字引导学生回顾复习。

关键字如下：脚本，变量，语句，分支，循环。

2) 案例演示(10 分钟)

案例演示采用课堂设问和提问教学法引导学生思考进行教学。

3) 技术讲解(40 分钟)

在技术讲解教学中，对学员进行分组，可采用快速阅读法、头脑风暴法、旋转木马法和对比教学进行教学和学习，每一部分的讲解应该配合验证案例，主要内容包括系统函数、自定义函数、调用函数和数据类型转换。

4) 典型示例解读(20 分钟)

在示例讲解中，建议采用任务分解法和课堂陷阱教学法，并且注意使用课堂设问和提问。

5) 任务实施(30 分钟)

采用现场编程教学法进行现场编程。

6) 总结和作业(10 分钟)

学员分组对现场完成的编程案例进行自我评价，教师进行总结，重点对一些共性的错误进行分析，并布置课后作业。

3. 关键知识点

1) 系统函数

函数是完成特定功能的一段程序代码，JavaScript 系统提供了多个完成独立功能的函数。

(1) alert 函数。alert 函数用于信息输出，效果如图 6-10 所示。

alert 函数语法如下：

alert("提示信息");

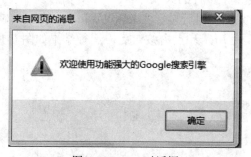

图 6-10 alert 对话框

(2) prompt 函数。prompt 函数有两种用法。

用法 1：prompt("提示信息", "输入框的默认信息")//两个参数；

用法 2：prompt("提示信息")//一个参数；

例如，prompt("请输入姓名")会在浏览器中显示如图 6-11 所示的对话框。

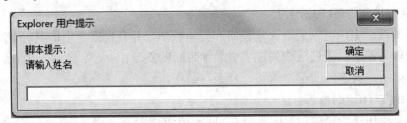

图 6-11　prompt 对话框

讲解要点：
　　(1) 采用 3W1H 教学法；
　　(2) 在讲解 alert 和 prompt 函数的时候，采用比较教学，通过比较这两种对话框的区别和用法举例，可以更好地帮助学生掌握两种函数的基本用法。
实施关键点：
　　课堂提问(分析两种对话框的区别)；课堂检验案例。

　　(3) isNaN 函数。该函数用于判断字符串中是否包含数字以外的字符，用于检查其参数是否是非数字。

讲解要点：
　　(1) 采用 3W1H 教学法、课堂陷阱教学法；
　　(2) isNaN 函数的基本用法是与 prompt 函数配合，对 prompt 函数读入的内容进行判断，检查是否包含非数字。该函数的含义是 is Not a Number。
实施关键点：
　　课堂检验案例。

　　2) 自定义函数
　　函数是完成特定功能的一段程序代码，例如计算一组数据，函数可以在一个 HTML 页面中多次调用，提高代码重用效率。
　　JavaScript 函数可以封装在程序中多次使用的模块，并可以作为事件驱动的结果而被调用，从而实现一个函数与一个事件的关联。
　　例 6-5　希望在点击某个按钮后显示"HelloWorld"并能输入显示的次数，例如输入 4，就显示四行，界面如图 6-12 所示。点击按钮后，运行结果如图 6-13 所示。

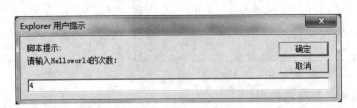

图 6-12　程序运行图

图 6-13　程序运行图

讲解要点：

　　(1) 采用 3W1H 教学法、课堂陷阱教学法。

　　(2) 自定义函数与系统函数的区别。

　　(3) 事件驱动的基本编程模式：

　　① 编写函数；

　　② 编写 HTML 标签，设计标签的事件绑定函数。

实施关键点：

　　课堂提问；课堂检验案例。

　　函数包括系统函数和自定义函数。系统函数是 JavaScript 中预先定义好的函数，可以直接调用完成某项功能，自定义函数是用户为了完成某种特定的功能而编写的函数，功能更加灵活。

　　函数的基本格式如下：

function 函数名(参数 1，参数 2….)

{

　　语句；

}

讲解要点：

　　函数的四个组成要素的强调：

　　(1) 关键字：function；

　　(2) 函数名；

　　(3) 参数列表；

　　(4) 函数{}和语句；

　　在授课中需要强调函数结构的四个组成部分，帮助学生更好地掌握自定义函数。

实施关键点：

　　课堂检验案例。

　　function 是定义函数的关键字，其参数列表是传递给函数使用或操作的值，可以是常量、变量或其他表达式，并且对函数名称的大小写是敏感的。

　　函数中的参数列表是可选的。

　　3) 调用函数

　　要执行一个函数，必须先调用函数，而要调用函数，必须制定函数名及其参数(如果包含参数)。函数的调用一般和表单元素的事件一起使用，调用格式如下：

　　事件名＝"函数名()"

　　下面的代码就是通过函数调用完成例 6-6 的任务。

```
<!DOCTYPE    HTML    PUBLIC    "-//W3C//DTD    XHTML    1.0    Transitional//EN"
"http://www.w3.org/TR/xhtml1/DTD/xhtml1-transitional.dtd">
<HTML xmlns="http://www.w3.org/1999/xhtml">
<HEAD>
<META http-equiv="Content-Type" content="text/html; charset=gb2312" />
```

```
<TITLE>输出 Hello World</TITLE>
<script   type="text/javascript">
function show(){
var j=prompt("请输入 Helloworld 的次数: ","");
for(var i=0;i<j;i++){
document.write("<h3>Hello World</h3>");
}
alert("共连续输出标题: "+j+"次");
}
</script>
</HEAD>
<BODY>
<INPUT type="button" value="显示" onclick="show()">
</BODY>
</HTML>
```

4) 数据类型转换

在网页中，一般用户输入文本框中的内容是以文本形式进行处理，但有时候我们在文本框中输入的是数字，希望进行数值运算，因此就需要将这些文本形式表示的数字字符串转换为数值。JavaScript 提供了字符串数据类型的转换方法：parseInt(字符串)可以将字符串表示的数字转换为整数；parseFloat(字符串)可以将字符串表示的数字转换为小数。如果出现无法转换的情况，例如要将"abc"转换为数值，这是无法实现的，因此会返回 NaN(Not a Number)。

講解要点：
(1) 采用比较教学法：理解整型和浮点型数据的区别；
(2) 比较教学：数值类型与字符串类型的区别；
(3) 数据类型转换何时会失效，用比较分析法引导学生加深对数据类型的理解。
实施关键点：
课堂检验案例。

例 6-6　设计如图 6-14 所示的加法计算器。

图 6-14　程序运行图

讲解要点：

(1) 在讲解中要逐步引导学生思考为什么 prompt 输入的内容是字符串类型？

(2) 引导学生掌握 document.write 和 alert 的两种输出方法及其相同点和区别是什么？

实施关键点：

课堂检验案例。

实施要点：

(1) 使用 prompt 系统函数接收用户输入；

(2) 使用 alert 系统函数输出结果。

参考代码如下：

```
<!DOCTYPE    HTML    PUBLIC    "-//W3C//DTD    XHTML    1.0    Transitional//EN"
"http://www.w3.org/TR/xhtml1/DTD/xhtml1-transitional.dtd">
<HTML xmlns="http://www.w3.org/1999/xhtml">
<HEAD>
<META http-equiv="Content-Type" content="text/html; charset=gb2312" />
<TITLE>类型转换函数的应用</TITLE>
</HEAD>


<BODY>
<SCRIPT type="text/JavaScript">
function calc(){
var op1=prompt("请输入第一个数：","")
var op2=prompt("请输入第二个数：","")
var p1=parseInt(op1);
var p2=parseInt(op2);
var result=p1+p2;
alert("运算结果是"+result);
document.write(p1+"+"+p2+"="+result);
}
</SCRIPT>
<INPUT type="button" value="加法计算器" onclick="calc()"   />
</BODY>
</HTML>        <img src="qie.jpg" width="199" height="91"> <BR>
    竞拍价格：
    <INPUT name="num2" TYPE="text" id="num2" value="120" size="15"> <BR>
    购买数量：
    <INPUT TYPE="text" name="num1" size="15">
    <BR>
```

```
预计总价：
<INPUT name="result" TYPE="text"   size="15">
</P>
<P>
<INPUT name="getAnswer" TYPE="button" id="getAnswer" onClick="calcu()"   value="计算看看">
</P>
</FORM>
</BODY>
</HTML>
```

4. 任务实施

在学习关键知识的基础上，开始实施拍拍网简易计算器，具体步骤如下：

步骤 1：打开 Dreamweaver CS4，新建网页，并在页面中添加图片和按钮。

步骤 2：编写函数，处理四则运算。

步骤 3：编写按钮的 onclick 事件，绑定相应函数。点击四个运算按钮，可以进行四则运算。具体运行结果和代码参考图 6-15 和后续代码。

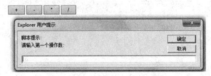

图 6-15　程序运行结果

```
讲解要点：
    (1) 在案例讲解中，分析四个按钮如何调用四个不同的函数；
    (2) 引导学生观察四个函数，比较四个函数的区别；
    (3) 思考为什么四个函数相似，是否可以简化代码；
    (4) 引入参数化函数的思想。
实施关键点：
    课堂检验案例；采用任务分解教学法。
```

参考代码如下：

```
<!DOCTYPE    HTML    PUBLIC    "-//W3C//DTD    XHTML    1.0    Transitional//EN"
"http://www.w3.org/TR/xhtml1/DTD/xhtml1-transitional.dtd">
<HTML xmlns="http://www.w3.org/1999/xhtml">
<HEAD>
<META http-equiv="Content-Type" content="text/html; charset=utf-8" />
<TITLE>拍拍网简易计算器</TITLE>
<SCRIPT type="text/JavaScript">
<!--
```

```javascript
function caljia()//加法
{
    var v1=prompt("请输入第一个操作数:","");
    var v2=prompt("请输入第二个操作数:","");
  if(isNaN(v1) || isNaN(v2))
  {
        alert("你输入的不是数值!");
        return;
  }
  var n1=parseFloat(v1);
  var n2=parseFloat(v2);
  var result;
    result=n1+n2;
      alert(result);
}
function caljian()//减法
{
    var v1=prompt("请输入第一个操作数:","");
    var v2=prompt("请输入第二个操作数:","");
  if(isNaN(v1) || isNaN(v2))
  {
        alert("你输入的不是数值!");
        return;
  }
  var n1=parseFloat(v1);
  var n2=parseFloat(v2);
  var result;
    result=n1-n2;
      alert(result);
}
function calcheng()//乘法
{
    var v1=prompt("请输入第一个操作数:","");
    var v2=prompt("请输入第二个操作数:","");
  if(isNaN(v1) || isNaN(v2))
  {
        alert("你输入的不是数值!");
        return;
```

```
        }
    var n1=parseFloat(v1);
    var n2=parseFloat(v2);
    var result;
        result=n1*n2;
        alert(result);
}
function calchu()//除法
{
        var v1=prompt("请输入第一个操作数:","");
        var v2=prompt("请输入第二个操作数:","");
    if(isNaN(v1) || isNaN(v2))
    {
            alert("你输入的不是数值!");
            return;
    }
    var n1=parseFloat(v1);
    var n2=parseFloat(v2);
    var result;
    result=n1/n2;
    alert(result);
}
//-->
</SCRIPT>
</HEAD>

<BODY>
<P><img src="logo.jpg" alt="" width="324" height="53" /></P>
<H1>拍拍网简易计算器</H1>
<P>
  <label>
    <input type="submit" name="button" id="button" value="   +   " onclick="caljia()" />
  </label>
  <INPUT type="submit" name="button2" id="button2" value="   -   "  onclick="caljian()" />
  <INPUT type="submit" name="button3" id="button3" value="   *   "  onclick="calcheng()" />
  <INPUT type="submit" name="button4" id="button4" value="   /   "  onclick="calchu()" />
</P>
</BODY>
</HTML>
```

5. 课堂编程练习

设计个人所得税计算器,税率如图 6-16 所示,个税起征点为 3500(只计算收入在 12 000以内的个税)。

全月应纳税额	税率
不超过1500元	3%
超过1500元至4500元	10%
超过4500元至9000元	20%
超过9000元至35000元	25%
超过35000元至55000元	30%
超过55000元至80000元	35%
超过80000元	45%

图 6-16 所得税率

程序运行结果如图 6-17 所示。

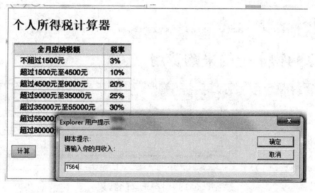

(a)

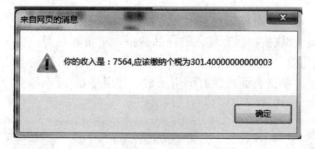

(b)

图 6-17 程序运行结果

讲解要点:
　　采用现场教学法和任务分解教学法。
任务分解过程:
　　(1) 计算不超过 1500 的所得税(只有一个 if 判断);
　　(2) 逐步增加判断范围。

6. 任务测评

可按下表所述内容进行任务测评。

序号	测 评 内 容	测评结果	备 注
1	是否基本掌握关键知识点	好、中、及格	
2	是否正确地实施任务开发的步骤	好、中、及格	
3	是否正确运行 JavaScript 程序	好、中、及格	
4	编码是否具备较好的规范性	好、中、及格	
5	页面设计是否美观合理	好、中、及格	
6	是否正确完成课堂编程练习	好、中、及格	

7. 编程练习

(1) 计算购物车中的采购费用，程序运行结果如图 6-18 所示。

需求说明：

➢ 请用户输入购物车中商品数量、单价、运费；

➢ 计算交易总费用并输出。

图 6-18　程序运行结果

提示：

➢ 使用按钮的 onclick 事件绑定自定义函数；

➢ 使用 prompt()函数接收用户输入的商品数量、单价和运费；

➢ 对接收的数值进行类型转换后运算，将结果用 alert()函数输出。

(2) 加法计算器。单击页面按钮时调用函数，使用 prompt 获取两个变量值和一个运算符，程序运行图如图 6-19 所示。

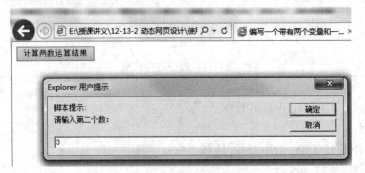

图 6-19　程序运行图

输入完毕后，弹出 alert 对话框，显示如图 6-20 所示的运算结果。

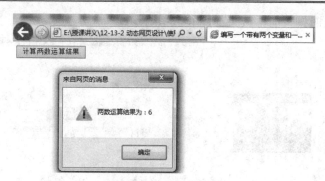

图 6-20　程序运行结果

(3) 计算圆的周长和面积，程序运行图如图 6-21 所示。

需求说明：

➢ 使用 prompt 对话框接收用户输入的圆的半径；

➢ 计算圆的周长和面积后用 alert 输出。

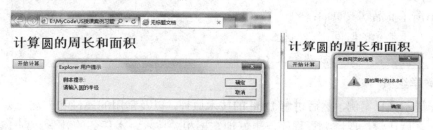

图 6-21　程序运行图

用户点击"开始计算"按钮，输入半径，即可计算圆的周长和面积并显示。

(4) 计算成绩

参考题(3)，使用 prompt 输入三位学生的英语成绩，用 alert 输出总分和平均分。

6.3　项目 2——网页时钟页面的设计和多选效果设计

6.3.1　项目介绍

本项目的具体内容如下表所述。

项目描述	通过"制作拍拍网购物简易计算器页面"项目案例，让学员了解学习 JavaScript 的语法、执行流程和功能，掌握多选效果设计的基本编程步骤	
项目内容	任务 1　网页时钟页面的设计	180 分钟
	任务 2　多选效果设计	90 分钟

6.3.2　任务 1　网页时钟页面的设计

1. 任务描述

在网页中，经常会显示当前时间或倒计时等与时间相关的信息，这些信息一般还是动态变化的，例如在淘宝商品购买页面上动态显示当前时间。本任务通过学习 setTimeout 系统函数，设计网页时钟页面，效果如图 6-22 所示。

图 6-22　程序运行图

课堂案例演示：
　　(1) 演示商品购买页面；
　　(2) 分析显示的时间来自何处；
　　(3) 思考为什么时间会动态变化。

2. 教学组织

首先展示项目案例，然后讲解 Date 的技术原理，以及常用的属性和方法，然后举例进行说明，之后让学员现场编写程序，更好地掌握相关技术。本任务的教学计划 180 分钟，具体包括下列内容。

1) 课堂引入(10 分钟)

本项目案例是 JavaScript 模块的第二次教学，首先应该通过实际网页浏览的演示，使学员对弹出对话框的内部技术实现产生一定的兴趣，然后让学员了解到：

(1) Date 对象是什么？如何使用？

(2) 什么是事件？什么是事件驱动？

2) 案例演示(5 分钟)

采用课堂设问和提问教学法，引导学员在案例演示过程中进行思考，以加深其对案例的了解。

3) 核心语法学习(55 分钟)

采用快速阅读法、头脑风暴法、旋转木马法和对比教学进行教学，同时，每一部分教学配合验证案例，主要内容包括 Date 对象的用法、DOM 对象模型、事件驱动编程机制和 setTimeout 函数的用法。

4) 任务实施(40 分钟)

建议采用任务分解法和课堂陷阱教学法对典型示例进行解读。注意使用课堂设问和提问。

5) 编程练习(60 分钟)

采用分组教学法和现场编程教学法进行现场编程。

6) 自我评价、总结和作业布置(10 分钟)

学员对完成的现场编程案例进行评价，教师进行总结，重点对一些共性的错误进行分析，并布置课后作业。

3. 关键知识点

1) Date 对象

Date 对象是 JavaScript 的内置对象，包含日期和时间两个信息，Date 对象没有任何属性。只有用户设置、获取和操作日期的方法。

Date 对象存储的日期为自 1970 年 1 月 1 日 00:00:00 以来的毫秒数。

Date 对象的语法如下：

var 日期对象 = new Date (年、月、日等参数)

例如：

var　mydate=new Date("July 29, 2007,10:30:00")

如果没有参数，表示当前日期和时间。

例如：

var today = new Date(　)

Date 对象的方法分组及参数如表 6-2、表 6-3 所示。

表 6-2　Date 方法的分组

方法分组	说　　明
setXxx	这些方法用于设置时间和日期值
getXxx	这些方法用于获取时间和日期值

表 6-3　用作 Date 方法的参数的整数范围

值	整　　数
Seconds 和 Minutes	0 至 59
Hours	0 至 23
Day	0 至 6(星期几)
Date	1 至 31(月份中的天数)
Months	0 至 11(一月至十二月)

具体的 get 方法列表如图 6-23 所示。

方法	描述
Date()	返回当日的日期和时间。
getDate()	从 Date 对象返回一个月中的某一天 (1～31)。
getDay()	从 Date 对象返回一周中的某一天 (0～6)。
getMonth()	从 Date 对象返回月份 (0～11)。
getFullYear()	从 Date 对象以四位数字返回年份。
getYear()	请使用 getFullYear() 方法代替。
getHours()	返回 Date 对象的小时 (0～23)。
getMinutes()	返回 Date 对象的分钟 (0～59)。
getSeconds()	返回 Date 对象的秒数 (0～59)。
getMilliseconds()	返回 Date 对象的毫秒(0～999)。
getTime()	返回 1970 年 1 月 1 日至今的毫秒数。
getTimezoneOffset()	返回本地时间与格林威治标准时间 (GMT) 的分钟差。

图 6-23　常用的方法

> 讲解要点：
> (1) 对 Date 的方法进行分组讲解说明；
> (2) 对象的讲解要结合日常生活中的实例讲述；
> (3) 理解 Date 在计算机中的存储机制。

2) DOM 对象模型

DOM——Document Object Model，它是 W3C 国际组织的一套 Web 标准，它定义了访问 HTML 文档对象的一套属性、方法和事件。

DOM 是以层次结构组织的节点集合，这种层次结构允许开发人员在树形结构中导航以寻找特定信息并进行修改，结构如图 6-24 所示。

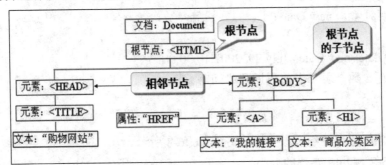

图 6-24　文档树形结构

所有的开发人员都可以操作及建立文档的属性、方法和事件，并以"对象"来展示，例如，document 对象代表文档本身，table 对象代表 HTML 中的表格等，这些对象都可以由浏览器中的 JavaScript 来访问和控制，效果如图 6-25 所示。

通过编写 JavaScript 代码可以访问页面中的各种元素并修改其属性。

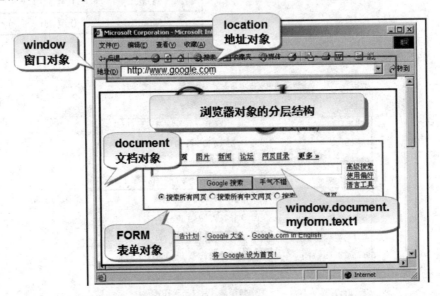

图 6-25　DOM 结构图

打开网页后，首先看到的是浏览器窗口，即顶层的 window 对象，window 对象就是表示浏览器窗口本身，其次就是网页文档内容，即 document 对象，它的内容包括一些超链接、表单、锚等，表单内容由文本框、单选按钮、按钮等表单元素构成，结构图如图 6-26 所示。

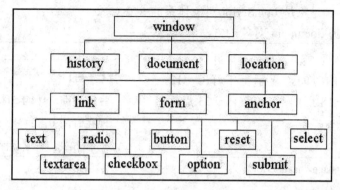

图 6-26　对象分层结构图

讲解要点：
　(1) 理解层次结构和树形结构的 DOM 模型；
　(2) 理解各种对象的相互关系。

3) document 对象

document 对象是 JavaScript 的内置对象，该对象表示网页的页面区域内容，每个载入浏览器的 HTML 文档都会成为 document 对象。document 对象使我们可以从脚本中对 HTML 页面中的所有元素进行访问，在 JavaScript 脚本编程中可以直接使用。document 对象的常用属性如表 6-4 所示。

表 6-4　document 对象的常用属性

名称	说　　明
bgColor	设置或检索 document 对象的背景色
URL	返回当前文档的 URL

另外，document 对象的常用方法如表 6-5 所示。

表 6-5　document 对象的常用方法

名称	说　　明
getElementById( )	根据 HTML 元素指定的 ID，获得唯一的一个 HTML 元素。如访问 DIV 层对象、图片 Img 对象
getElementsByName( )	根据 HTML 元素指定的 name，获得相同名称的一组元素。如访问表单元素(全选功能)
getElementByTagName()	返回指定标签名的对象集合
write	输出

　(1) getElementById 方法一般用于访问 DIV、图片、表单元素等，由于 ID 是唯一的，因此该方法获取的是唯一的对象。

　(2) getElementByName 与上面的方法类似，但是 name 属性在网页中可以是不唯一的，因此该方法获取的是同一组 name 对象的集合。

(3) getelementByTagName 是按照标签名称访问页面元素，例如访问所有的 input 标签。

> 讲解要点：
>
> (1) document 对象是 JavaScript 对象体系的核心对象；
>
> (2) 重点掌握 document 对象的方法和属性。

例 6-7　在网页中显示当前时刻并显示问候语。根据当前的时间，显示上午好(0—12 点)，下午好(13—18 点)，晚上好(19—23 点)。效果如图 6-28 所示。

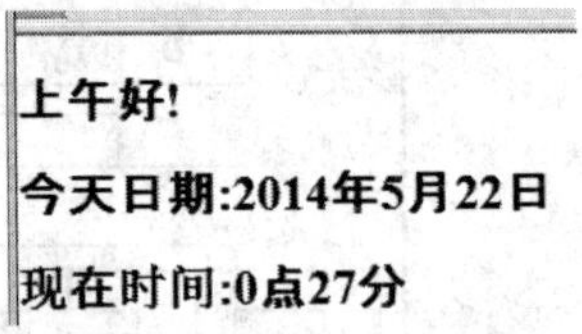
上午好!
今天日期:2014年5月22日
现在时间:0点27分

图 6-28　程序运行图

参考代码如下：

```
<SCRIPT language="javaScript">
var now= new Date( ) ;
   var hour = now.getHours() ;
   if (hour>=0 && hour <=12)
         document.write("<H2>上午好!</H2>")
   if (hour>12 && hour<= 18)
         document.write("<H2>下午好!</H2>") ;
   if (hour>18 && hour <24)
         document.write("<H2>晚上好!</H2>") ;
         document.write("<H2> 今 天 日 期 :"+now.getFullYear()+" 年 "+(now.getMonth(   )+1)+" 月
"+now.getDate()+"日</H2>") ;
         document.write("<H2>现在时间:"+now.getHours()+"点"+now.getMinutes( )+"分</H2>") ;
</SCRIPT>
```

> 讲解要点：
>
> (1) 对 Date 对象的对象含义的讲解，从“万物皆对象”的观点解释；
>
> (2) 在 Date 对象中 set 类方法和 get 类方法的用法归纳。
>
> 实施关键点：
>
> 现场编程：对教师讲解的案例进行模仿，编写程序并运行。

例 6-8　显示 12 小时制的时间，如图 6-29 所示。

编程思路：对获取的小时进行判断，如果小于或等于 12，在时间之后添加“AM”，否则小时数减去 12 后在时间之后添加“PM”。

今天日期:2014年5月22日
现在时间:10点37分 AM

图 6-29　程序运行图

参考代码如下：

```
<SCRIPT>
var now=new Date();
var hour = now.getHours() ;
   if ( hour <=12)
      {
```

```
        document.write("<H2> 今 天 日 期 :"+now.getFullYear()+" 年 "+(now.getMonth(  )+1)+" 月
"+now.getDate()+"日</H2>") ;
        document.write("<H2> 现 在 时 间 :"+now.getHours()+" 点 "+now.getMinutes(  )+" 分
AM</H2>") ;         }else{
            hour=hour-12;
            document.write("<H2>今天日期:"+now.getFullYear()+" 年 "+(now.getMonth(  )+1)+" 月
"+now.getDate()+"日</H2>") ;
        document.write("<H2>现在时间:"+hour+"点"+now.getMinutes(  )+"分 PM</H2>") ;

        }
        </SCRIPT>
```

但是页面的时间是静止的，如何能让这个时间按照实时的时间一样动态显示呢？这就需要使用 setTimeout 方法。

4) setTimeout 的用法

setTimeout 的语法如下：

setTimeout（"调用的函数"，"定时的时间"）

例如，setTimeout（ "disptime( )"，1000 ）。

例 6-9　在页面中设计一个计数器，每秒增加 1，从 0 开始。

参考代码如下：

```
<HTML xmlns="http://www.w3.org/1999/xhtml">
<HEAD>
<TITLE>计数器</TITLE>
<SCRIPT language="JavaScript">
var sum=0;
    function add()
    {
        document.getElementById("txt").value=sum;//在文本框中显示数值
        sum=sum+1;//数值增加 1
        setTimeout(add,1000);//过 1000 毫秒后调用 add 方法，也就是调用自己。
    }
</SCRIPT>
<STYLE>
.text{
border-style:none;
font-size:28px;
text-align:center;
}
</STYLE>
```

```
    </HEAD>

    <BODY onload="add()">
    <INPUT type="text" class="text" id="txt" />
    </BODY>
    </HTML>
```

代码说明：

(1) 在 BODY 标签中的 onload 事件，表示在页面加载的时候触发的事件和这个事件绑定了 add()函数。

(2) add()函数中，首先采用 document 对象的 getElementById 方法获取指定 ID 的文本框标签，然后设置标签的 value 属性，也就是标签的显示内容。

(3) 在 add()函数中调用的 setTimeout 函数，相当于一个定时器，每经过 1000 毫秒调用一次 display 函数。

讲解要点：

(1) 结合 Windows 操作系统的体验，说明事件的使用；

(2) 结合日常生活中的实例，理解事件驱动。

例 6-10　设计变色页面，如图 6-30 所示。设计网页，在页面中包含"变红色|变蓝色|变黄色"文字，当鼠标光标移动到相应文字上的时候，网页背景会变为相应的颜色。

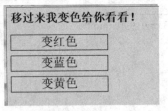

图 6-30　程序运行图

设计思路：

(1) 在页面中设计 DIV，采用 CSS 样式设计 DIV 样式；

(2) 添加 3 个函数，分别是将网页背景改变为不同颜色；

(3) 添加 DIV 的 onMouseOver 事件，绑定相应的函数；

(4) 进阶：使用函数参数简化函数设计。

实施关键点：

课堂检验案例；采用任务分解教学法。

参考代码如下：

```
    <BODY>
    <H2> 移过来我变色给你看看！</H2>
    <div onMouseOver="changered()">变红色</div>
    <div onMouseOver="changeblue()">变蓝色</div>
    <div onMouseOver="changeyellow()">变黄色</div>
    </BODY>
```

脚本和 CSS 样式设计代码如下：

```
<SCRIPT language="JavaScript">
function changeblue()
{
    document.bgColor="blue" ;
}
function changered()
{
    document.bgColor="red" ;
}
function changeyellow()
{
    document.bgColor="yellow" ;
}
</SCRIPT>
<STYLE>
div{
        border:1px solid black;
        width:200px;
        height:30px;
        text-align:center;
        vertical-align:middle;
        font-size:25px;
        margin-top:10px;
        cursor:pointer;
}
</STYLE>
```

例 6-11　设计动态时钟，效果如图 6-31 所示。

实现思路：

(1) 获得一个 Date 对象。

(2) 使用 "document.表单名.表单标签名" 的方式访问表单标签(文本框)。

(3) 当秒数为个位的时候，需要在之前添加 "0"。

参考代码如下：

当前时间：　20:27:51

图 6-31　程序运行图

```
<SCRIPT>
function disptime( )
{
var time = new Date( ); //获得当前时间
```

```
var hour = time.getHours( );    //获得小时、分钟、秒

var minute = time.getMinutes( );

if(minute<10)

mintue="0"+minute.toString();

var second = time.getSeconds( );

if(second<10)

second="0"+second.toString();

/*设置文本框的内容为当前时间*/

document.myform.myclock.value =hour+":"+minute+":"+second+" " ;

/*设置定时器每隔 1 秒(1000 毫秒)，调用函数 disptime()执行，刷新时钟显示*/

setTimeout("disptime()",1000);

}

</SCRIPT>
```

4. 任务实施

在学习关键知识的基础上，开始设计本任务，具体步骤如下：

步骤 1：启动 Dreamweaver CS4，新建 HTML 页面，进入代码视图。

步骤 2：按照图 6-22 所示设计 HTML 页面，页面布局可以采用表格布局，也可以采用 DIV+CSS 布局。

步骤 3：设计自定义函数，实现获取系统时间并显示在特定位置的功能，函数框架设计参考例 6-11，函数中的代码参考例 6-8 的代码。具体代码如下：

```
<SCRIPT>
function disptime( )
{
 var time = new Date( ); //获得当前时间

 var hour = time.getHours( );    //获得小时、分钟、秒

 var minute = time.getMinutes( );

 if(minute<10)

 mintue="0"+minute.toString();

 var second = time.getSeconds( );

 if(second<10)

 second="0"+second.toString();

 var flag;//用于存放 am 和 pm 字符

if ( hour <=12)

    {

   flag="AM";

    }else{

            hour=hour-12;

           flag="PM";
```

```
        }
    /*设置文本框的内容为当前时间*/
    document.myform.myclock.value =hour+":"+minute+":"+second+" "+flag ;
    /*设置定时器每隔 1 秒(1000 毫秒)，调用函数 disptime()执行，刷新时钟显示*/
    setTimeout("disptime()",1000);
  }
  </SCRIPT>
```

5. 编程练习

(1) 用 Date 对象调用系统时间，页面加载的时候，自动显示系统当前日期，界面如图 6-32 所示。

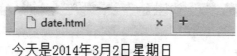

date.html
今天是2014年3月2日星期日

图 6-32　程序运行图

实现思路：

➢ 获取一个 Date 对象。

➢ 通过 Date 对象的 getFullyear 方法获取年份、getMonth 方法获取月份、getDay 方法获取一个星期的第几天，从 0 开始。

(2) 制作 12 小时进制的时钟显示，界面如图 6-33 所示。

无标题文档
setTimeout.html
无标题文档
今天是:2014年3月2日星期日 9:15:31PM

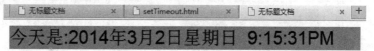

图 6-33　程序运行图

实现思路：

➢ 创建 Date 对象获取系统时间。

➢ 通过 setTimeout 方法获取系统时间。

➢ 通过 document.write 方法输出时间。

➢ 判断获取的小时时间是否大于 12，大于 12 则要减去 12 并添加 PM。

6. 任务测评

可按下表所述内容进行任务测评。

序号	测 评 内 容	测 评 结 果	备　注
1	能基本掌握关键知识点	好、中、及格	
2	能正确地实施任务开发的步骤	好、中、及格	
3	能正确运行 JavaScript 程序	好、中、及格	
4	编码具备较好的规范性	好、中、及格	
5	页面设计美观合理	好、中、及格	

6.3.3　任务 2　多选效果设计

1. 任务描述

中华英才网、前程无忧、智联招聘网站中的职位列表之前都有复选框，便于求职者选择一个或多个职位。京东、易迅网的购物车页面的商品列表之前都有复选框，便于用户对多个商品进行操作。本任务通过学习 DOM 的相关函数，设计淘宝网购物车的多选效果，案例展示如图 6-34 所示。

图 6-34　淘宝网购物车多选效果图

2. 教学组织

首先展示项目案例，说明多选功能的实现原理，引导学员讨论分析如何利用标签内部的属性实现功能。然后讲解例题，最后学员在教师的指导下继续编程练习。本任务的教学计划 90 分钟，具体包括如下内容。

1) 回顾和作业讲解(5 分钟)

课程回顾教学中，可以采取课堂设问和提问教学，并且根据学生情况对上次课程中的关键内容提取关键字，通过这些关键字引导学生回顾复习。

2) 案例演示(5 分钟)

案例演示采用课堂设问和提问教学法引导学生思考进行教学。

3) 技术讲解(40 分钟)

在技术讲解教学中，对学员进行分组，可采用快速阅读法、头脑风暴法、旋转木马法和对比教学进行教学和学习，每一部分的讲解应该配合验证案例，主要内容包括 getElementXXX 类方法的用法和区别、什么是数组和如何使用数组。

4) 典型示例解读(30 分钟)

在示例讲解中，建议采用任务分解法和课堂陷阱教学法，并且注意使用课堂设问和提问。

5) 总结和作业(10 分钟)

学员对现场完成的编程案例进行自我评价，教师进行总结，重点对一些共性的错误进行分析，并布置课后作业。

3. 关键知识点

1) 事件驱动

(1) JavaScript 中的事件：在 HTML 网页中会发生多种事件，每个事件都有特定的名称，事件的发生也是在一定条件下触发的，如表 6-6 所示就是一些常用的事件。

表 6-6　常见的事件

名称	说　　明
onLoad	一个页面或一幅图像完成加载
onMouseOver	鼠标移到某元素之上
onclick	当用户单击某个对象时调用的事件句柄
onMouseOut	鼠标移出某元素的区域
onChange	域的内容被改变

(2) 事件驱动：如果我们希望在发生某个事件后，JavaScript 脚本执行某个操作，例如点击按钮，显示时间信息，那么就可以编写一个函数，将这个函数与时间进行绑定，当发生这个事件后系统会自动调用函数的执行，这就是事件驱动的基本原理。

(3) document 是 JavaScript 中的内置对象，该对象表示整个页面。

2) 全选效果实现思路

document.getElementByName()用户获取一个页面中包含所有指定 name 元素的对象数组。

全选效果实现思路：

(1) 创建一组同名的复选框。

(2) 编写脚本。

① 将复选框设置为统一名字。

② 使用 getElementsByName( )方法获得一组同名的复选框对象，同时获取同一组复选框。

③ 用循环访问每一个复选框进行操作，通过循环来改变复选框是否被选中属性 checked。

> 讲解要点：
> 　(1) 从实际案例出发，分析多选的实现原理；
> 　(2) 如何成组选择标签，引入 getElementsByName 方法。

例 6-12　实现淘宝网商品多选效果。

(1) 页面设计效果如图 6-35 所示。

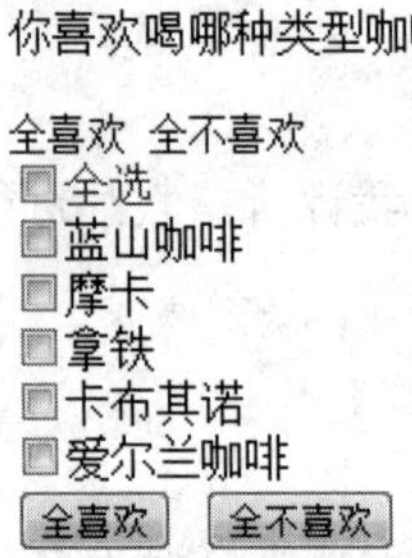

你喜欢喝哪种类型咖啡

全喜欢 全不喜欢
☐全选
☐蓝山咖啡
☐摩卡
☐拿铁
☐卡布其诺
☐爱尔兰咖啡
[全喜欢] [全不喜欢]

图 6-35　咖啡种类多选效果图

(2) 实现思路：

① 获得页面所有复选框的集合。

② 循环判断每一个复选框的 checked 属性。

(3) 参考代码如下：

```
<HTML>
<HEAD>
<SCRIPT type="text/JavaScript">
function selectAll(state)
{
     alert(state);
     var allCheckBoxs=document.getElementsByName("coffee") ;//获得 checkbox 对象的集合
//     var desc = document.getElementById("btn").value;        //获得按钮对象
         for (var i=0;i<allCheckBoxs.length ;i++)        //循环 checkbox 对象集合，设置每一个
checkbox 的状态
        {
                allCheckBoxs[i].checked=state ;
        }
}


</SCRIPT>
</HEAD>
<BODY>
<P>你喜欢喝哪种类型咖啡</P>
<FORM>
<a  href="JavaScript:selectAll(true)">全喜欢</a>  <a  href="JavaScript:selectAll(false)">全不喜欢
</a><BR>
<INPUT  type="checkbox"  name="coffee"  value="cream"  onClick="selectAll(this.checked)"><font
color="red" >全选</font><BR />
<INPUT type="checkbox" name="coffee" value="cream">蓝山咖啡<BR />
```

```
<INPUT type="checkbox" name="coffee" value="sugar">摩卡<BR />
<INPUT type="checkbox" name="coffee" value="sugar">拿铁<BR />
<INPUT type="checkbox" name="coffee" value="sugar">卡布其诺<BR />
<INPUT type="checkbox" name="coffee" value="sugar">爱尔兰咖啡<BR />
<INPUT    id="btn" type="button" onClick="selectAll(true)" value="全喜欢">
<label>
<input type="button" name="Submit" value="全不喜欢" onClick="selectAll(false)" >
</label>
</FORM>
</BODY>
</HTML>
```

4. 任务实施

在学习关键知识的基础上，我们开始设计本任务，具体步骤如下：

步骤 1：启动 Dreamweaver CS4，新建 HTML 页面，进入代码视图。

步骤 2：按照图 6-34 中所示设计 HTML 页面，页面布局可以采用表格布局，也可以采用 DIV+CSS 布局。

步骤 3：将页面中的全选复选框的 name 属性设定为 selall，将其他的复选框 name 属性均设置为 chksel。

步骤 4：设计自定义函数，实现根据 selall 复选框的选择状态设置其他复选框的选择状态功能，代码参考例 6-12。

5. 编程练习

设计拍拍网商品多选页面，效果如图 6-36 所示。

图 6-36　拍拍网商品多选效果图

6. 任务测评

可按下表所述内容进行任务测评。

序号	测 评 内 容	测 评 结 果	备注
1	是否基本掌握关键知识点	好、中、及格	
2	是否能正确地实施任务开发的步骤	好、中、及格	
3	是否正确运行 JavaScript 程序，正确实现功能	好、中、及格	
4	编码是否具备较好的规范性	好、中、及格	
5	页面设计是否美观合理	好、中、及格	

6.4　项目 3——CSS 样式特效设计

6.4.1　项目介绍

本项目的具体内容如下表所述。

项目描述	本项目内容是以 CSS 技术为基础的动态应用效果设计，通过学习 CSS 样式的脚本特性，利用 JavaScript 编程动态改变字体和图片的 CSS 样式	
项目内容	任务 1　设计改变字体大小的样式特效	180 分钟
	任务 2　设计图片动态效果	90 分钟

6.4.2　任务 1　设计改变字体大小的样式特效

1. 任务描述

设计用户登录页面，制作动态改变字体大小的样式特效，效果如图 6-37 所示。

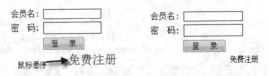

图 6-37　程序运行结果

2. 教学组织

本任务的教学计划 180 分钟，具体包括如下内容。

1) 课堂引入(30 分钟)

从回顾 CSS 技术入手，通过实例回顾 CSS 的用法，特别对边框、背景的样式进行重点强调。展示"细边框"和"图片按钮"CSS"样式特效。

2) 教学方法

本项目拟采用 3W1H 教学法、课堂设问和提问教学法、项目案例教学法、任务分解教学法等。

3) 项目实施

首先展示项目案例，讲解 JavaScript 对 CSS 样式的编程技术，通过案例讲解和编程进一步掌握技术，最后在教师指导下进行编程练习。

(1) 案例演示(10 分钟)。

采用课堂设问和提问教学法，引导学员在案例演示过程中进行思考，以加深其对案例的了解。

(2) 核心语法学习(40 分钟)。

可采用快速阅读法、头脑风暴法、旋转木马法和对比教学进行教学，同时每一部分教学配合验证案例，主要内容包括 JavaScript 动态改变 CSS 样式和 JavaScript 事件。

(3) 任务实施(30 分钟)。

建议采用任务分解法和课堂陷阱教学法对典型示例进行解读，注意使用课堂设问和提问。

(4) 编程练习(60 分钟)。

采用分组教学法和现场编程教学法进行现场编程。

(5) 自我评价、总结和作业布置(10 分钟)。

学员分组对现场完成的编程案例进行自我评价(考虑按照分组情况，每组选取一名学员讲解和自评)，教师进行总结，重点对一些共性的
错误进行分析，并布置课后作业。

3. 关键知识点

1) CSS 样式回顾

CSS 样式的相关知识已经在之前介绍过，这
里通过例题来回顾。

例 6-13　制作如图 6-38 所示的"回顾样
式.html"的页面效果。

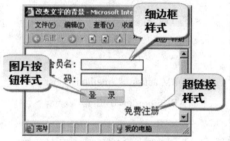

图 6-38　页面设计要求

参考代码如下：

```
<HTML>
<HEAD>
<META http-equiv="Content-Type" content="text/html; charset=gb2312">
<TITLE>改变文字的背景</TITLE>
<STYLE type="text/css" >
/*设置无下划线的超链接样式*/
A {
        color: blue;
        text-decoration: none;
    }
/*鼠标在超链接上悬停时变为颜色*/
A:hover{
    color: red;
    }
/*设置细边框样式*/
.boxBorder{
```

```
            border-width:1px;

            border-style:solid;

    }

    /*设置图片按钮样式*/

    .picButton{

        background-image: url(images/back1.jpg);

        color:#0000FF;

        border:0 px;

        margin: 0px;

        padding: 0px;

        height: 23px;

        width: 82px;

        font-size: 14px;

    }

    </STYLE>

    </HEAD>

    <BODY>

    <FORM action="" method="post">

    <TABLE border=0 align="center">

        <TR align=left>

            <TD width="60">会员名:</TD>

            <TD width="145"><INPUT class=boxBorder id=txtName size=15     name=txtName  > </TD>

        </TR>

        <TR align=left>

            <TD>密  码:</TD>

            <TD><INPUT class=boxBorder id=txtPass type=password    size=15 name=txtPass  > </TD>

        </TR>

        <TR>

            <TD   height="30"  colSpan=2  align=center><INPUT   name=Button  type="button"  class=
"picButton" value=" 登    录 "   ></TD>

        </TR>

        <TR>

            <TD align=right colSpan=2><A href="#">免费注册</A></TD>

        </TR>

    </TABLE>

    </FORM >

    </BODY>

    <P> </P>
```

```
<P></P>
</BODY>
</HTML>
```

讲解要点：
(1) 对 CSS 的三种选择器要回顾掌握；
(2) 常见的 CSS 样式要较完整地回顾一遍，帮助学员掌握；
(3) 对 CSS 样式的属性分类讲解。

2) 常用的 style 对象的属性

与 CSS 的属性不同，在 JavaScript 中操作 CSS 属性需要使用对象的 style 中的属性设置，具体如表 6-7 所示。

表 6-7　背景和文本相关的属性

类　别	属　性	描　述
background (背景)	backgroundColor	设置元素的背景颜色
	backgroundImage	设置元素的背景图像
	backgroundRepeat	设置是否及如何重复背景图像
text (文本)	fontSize	设置元素的字体大小
	fontWeight	设置字体的粗细
	textAlign	排列文本
	textDecoration	设置文本的修饰
	font	在一行设置所有的字体属性
	color	设置文本的颜色

3) 常用 CSS 样式

常用 CSS 样式如表 6-8 所示。

表 6-8　常用 CSS 样式

名　称	说　明
不带下划线的超链接	A {　color: blue; 　　　　text-decoration: none;} A:hover{　color: red; }
细边框样式	.boxBorder 　　{　border-width:1px; 　　　border-style:solid; }

图片按钮样式	.picButton{
	background-image: url(images/back2.jpg);
	　　border: 0px;
	　　margin: 0px;
	　　padding: 0px;
	　　height: 23px;　　width: 82px;
	　　font-size: 14px;　　}

4. 任务实施

在学习相关知识的基础上，开始设计本任务，具体步骤如下所述。

步骤 1：启动 Dreamweaver CS4，新建 HTML 页面，进入代码视图。

步骤 2：按照图 6-37 中所示设计 HTML 页面，页面布局可以采用表格布局，也可以采用 DIV+CSS 布局。

步骤 3：设计鼠标的事件代码，具体设计思路如下：

(1) 创建改变样式的 JavaScript 代码：

```
this.style.fontSize='24px'
this.style.fontSize='14px'
```

(2) 利用鼠标相关事件调用 JavaScript 代码：

```
onMouseOver="this.style.fontSize='24px'"
onMouseOut="this.style.fontSize='14px'"
```

参考代码如下：

```
<HTML>
<HEAD>
<META http-equiv="Content-Type" content="text/html; charset=gb2312">
<TITLE>改变细边框的颜色</TITLE>
<STYLE type="text/css" >
/*设置无下划线的超链接样式*/
A {
    color: blue;
    text-decoration: none;
  }
/*鼠标在超链接上悬停时变为颜色*/
A:hover{
   color: red;
   }
/*设置细边框样式*/
.boxBorder{
    border-width:1px;
    border-style:solid;
}
/*设置图片按钮样式*/
.picButton{
    background-image: url(images/back1.jpg);
    color:#0000FF;
    border:0 px;
    margin: 0px;
```

```
        padding: 0px;
        height: 23px;
        width: 82px;
        font-size: 14px;
    }
    </STYLE>
    </HEAD>
    <BODY>
    <FORM action="" method="post">
    <TABLE border=0 align="center">
        <TR align=left>
            <TD width="60">会员名:</TD>
            <TD width="145"><INPUT class=boxBorder id=txtName size=15 name=txtName   ></TD>
        </TR>
        <TR align=left>
            <TD>密  码:</TD>
            <TD><INPUT class=boxBorder id=txtPass type=password size=15 name=txtPass   >  </TD>
        </TR>
        <TR>
            <TD  height="30"  colSpan=2  align=center><INPUT  name=Button  type="button"
    class="picButton"  value=" 登    录 "  ></TD>
        </TR>
        <TR>
            <TD  align=right  colSpan=2><A  href="#"  onMouseOver="this.style.fontSize='24px'"
    onMouseOut="this.style.fontSize='14px'">免费注册</A></TD>
        </TR>
    </TABLE>
    </FORM >
    </BODY>
    <P> </P>
    <P></P>
    </BODY>
    </HTML>
```

5. 课内编程练习

设计当鼠标移动时背景特效改变，效果如图 6-39 所示。

图 6-39   程序运行图

分析思路：

(1) 鼠标移到菜单上时改变菜单样式。

(2) 鼠标移出菜单时恢复为原来的样式。

提示：

(1) 采用无序列表，设计样式如下：

```
li{
        font-size: 12px;
        color: #ffffff;
        background-image: url(images/bg1.gif);
        background-repeat: no-repeat;
        text-align: center;
        height: 33px;
        width:104px;
        line-height:38px;
        float:left;
        list-style:none;
        }
```

(2) 随着光标的移动，改变背景图片。

```
<li
onMouseOver="this.style.backgroundImage='url(images/bg2.gif)'"
onMouseOut="this.style.backgroundImage='url(images/bg1.gif)'">资讯动态</li>
```

6. 编程练习

(1) 设计如图 6-40 所示的腾讯客服登录窗体。

图 6-40　页面设计要求

要求：鼠标事件改变边框样式和按钮背景图片。

实现思路：

➢ 设置鼠标滑过前后的图片背景的两种 CSS 样式。

➢ 在文本框和按钮控件中加入鼠标事件 onMouseOver 和 onMouseOut。

➢ JavaScript 中改变边框样式的语法：this.style.borderColor。

➤ JavaScript 中改变图片 CSS 样式的语法：this.className。

(2) 完成如图 6-41 所示的拍拍网用户登录页面设计。

图 6-41 程序运行结果

要求：

➤ 根据图 6-41 设计页面。

➤ 登录中的文本框的 CSS 样式特效为：细边框，正常情况下颜色为浅蓝色，鼠标滑过变为红色。

➤ "忘记 QQ 号码"、"忘记密码"为超链接，默认样式为蓝色，无下划线，12px 字体，鼠标滑过变为红色，16px 字体。

登录按钮默认使用深蓝色背景图片，鼠标滑过的时候使用浅蓝色背景图片。

(3) 改变图片边框的特效设计，效果如图 6-42 所示。

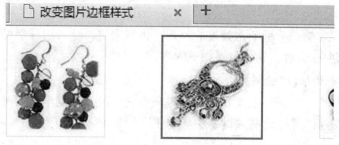

图 6-42 程序运行图

要求：当光标进入图片区域时，图片显示橙色边框，光标移出图片区域后，边框改变为白色。

7. 任务测评

可按下表所述内容进行任务测评。

序号	测 评 内 容	测 评 结 果	备 注
1	是否基本掌握关键知识点	好、中、及格	
2	是否正确地实施任务开发的步骤	好、中、及格	
3	是否正确运行 JavaScript 程序	好、中、及格	
4	编码是否具备较好的规范性	好、中、及格	
5	页面设计是否美观合理	好、中、及格	

6.4.3　任务2　设计图片动态效果

1. 任务描述

在购物网站的商品详情页面中，一般都有商品的多张图片的展示，通常都是有多张小图片，当用户光标进入小图片中的时候，在大图片区域会显示用户选择的小图片的放大图，效果如图 6-43 所示。

图 6-43　程序运行图

说明：当鼠标指针移动到下面的五个小图片上时，小图片显示红色边框，并且上面的图片位置显示与小图片一样的大图片，当鼠标指针离开小图片时，小图片边框不显示。

2. 教学组织

首先展示项目案例，分析动态效果的原理，讲解案例，然后指导学员完成编程练习。本任务的教学计划 90 分钟，具体包括如下内容。

1) 回顾和作业讲解(10 分钟)

课程回顾教学中，可以采取课堂设问和提问教学，并且根据学生情况对上次课程中的关键内容提取关键字，通过这些关键字引导学生回顾复习。

2) 案例演示(10 分钟)

案例演示采用课堂设问和提问教学法引导学生思考进行教学。

3) 技术讲解(20 分钟)

在教学中，对学员进行分组，可采用快速阅读法、头脑风暴法、旋转木马法和对比教学进行教学和学习，每一部分的讲解应该配合验证案例，主要内容包括 display 属性的用法、style 和 className 的修改对 CSS 样式的影响。

4) 任务实施(20 分钟)

在示例讲解中，建议采用任务分解法和课堂陷阱教学法，并且注意使用课堂设问和提问。

5) 编程练习(20 分钟)

在教师指导下进行编程练习。

6) 总结和作业(10 分钟)

学员分组对现场完成的编程案例进行自我评价,教师进行总结,重点对一些共性的错误进行分析,并布置课后作业。

3. 关键知识点

display 属性的取值如表 6-9 所示。

表 6-9　display 属性的取值

值	描　　述
none	表示此元素不会被显示
block	表示此元素将显示为块级元素,此元素前后会带有换行符

display 语法如下:

object.style.display="值"

例 6-14　设计点卡充值的动态效果,界面如图 6-44 所示。

图 6-44　程序运行图

要求:鼠标事件实现图片显示切换。

关键思路:

- 如何获得图片对象;
- 图片显示与隐藏的方式;
- 如何在图片中添加鼠标事件。

参考代码如下:

```html
<HTML>
<HEAD>
<SCRIPT language="JavaScript">
function chg(n)
{
    var g1=document.getElementById("game1");
    var g2=document.getElementById("game2");
    var m1=document.getElementById("mobile1");
    var m2=document.getElementById("mobile2");
    var g=document.getElementById("game");
    var m=document.getElementById("mobile");
```

```
            if(n=="1")
            {
                 g1.style.display="none";
                 m2.style.display="none";
                 m.style.display="none";


                   g2.style.display="block";
                 m1.style.display="block";
                 g.style.display="block";
            }else{
                 g1.style.display="block";
                 m2.style.display="block";
                 m.style.display="block";


                   g2.style.display="none";
                 m1.style.display="none";
                 g.style.display="none";


            }
      }


</SCRIPT>
</HEAD>


<BODY >
<TABLE border="0" align="center" cellpadding="0" cellspacing="0">
  <TR>
    <TD><IMG    src="images/game1.jpg"    id="game1"    onMouseOver="chg(1)"        ><IMG
src="images/game2.jpg"   id="game2" ></TD>
    <TD><IMG  src="images/mobile1.jpg"  name="mobile1"  id="mobile1"  onMouseOver="chg(2)"
><IMG src="images/mobile2.jpg" width="98"     id="mobile2" ></TD>
  </TR>
<TR>
    <TD     colspan="2"><IMG     id="game"     src="images/card1.jpg"      ><IMG     id="mobile"
src="images/phone.jpg" ></TD>
  </TR>
</TABLE>
</BODY>
</HTML>
```

4. 任务实施

在学习相关知识的基础上，开始设计本任务，具体步骤如下：

步骤 1：启动 Dreamweaver CS4，新建 HTML 页面，进入代码视图。

步骤 2：按照图 6-43 中所示设计 HTML 页面，页面布局采用表格布局，设计一个 2 行 5 列的表格，将第一行的 5 列合并，在第二行的五个单元格中放入 5 个小图片，在第一行的合并单元格中放入第二行中第一个单元格对象的图片的放大图，效果如图 6-45 所示。

图 6-45　设计图

步骤 3：在任务开始的案例演示中，当光标移入到下面的小图片上，上方的图片内容变为同样的图片，同时下方的图片添加红色边框。

编程思路：

➢ 使用 onMouseOver 和 onMouseOut 来控制鼠标指针移动到图片上和离开图片的效果。

➢ 使用 style 或 className 属性改变图片的效果。

➢ 使用 src 属性改变图片的路径。

参考代码如下：

```
<TABLE width="100%" border="0" cellspacing="0" cellpadding="0">
   <tr>
     <td colspan="5"><img src="images/show1_big.jpg" id="big" /></td>
   </tr>
   <tr>
     <td style="height:60px;"><img src="images/show1.jpg" onmouseover="over(this,'show1_big.jpg')"
onmouseout ="out(this)"/></td>
     <td><img   src="images/show2.jpg"   onmouseover="over(this,'show2_big.jpg')"   onmouseout
="out(this)"/></td>
     <td><img   src="images/show3.jpg"   onmouseover="over(this,'show3_big.jpg')"   onmouseout
="out(this)"/></td>
     <td><img   src="images/show4.jpg"   onmouseover="over(this,'show4_big.jpg')"   onmouseout
="out(this)"/></td>
     <td><img   src="images/show5.jpg"   onmouseover="over(this,'show5_big.jpg')"   onmouseout
="out(this)"/></td>
   </tr>
</TABLE>-----------------------------------------------
```

```
脚本
<SCRIPT type="text/JavaScript">
function over(obj_small,obj_big){
    obj_small.style.border="solid 1px #ff0000";
    document.getElementById("big").src="images/"+obj_big;
    }

function out(obj_small){
    obj_small.style.border=0;
    }
</SCRIPT>
-----------------------------------------------------
```

4. 编程练习

(1) 动态改变文本样式，界面如图 6-46 所示。

图 6-46   程序运行图

要求：

➢ 使用 style 动态改变菜单样式。

➢ 在默认情况下，首页家用电器等文本背景图片为 bg1.jpg，字体大小为 14px，加粗，白色。

➢ 鼠标移入首页文本区域，背景图片为 bg2.jpg，字体为黑色，15px，加粗。

➢ 鼠标移出，恢复原来样式。

提示：

➢ 采用无序列表标签实现菜单，将无序列表横向排列，不显示项目符号。

➢ 对菜单项，定义两个 CSS 类选择器，一个是默认显示效果，一个是光标移入的时候显示效果。

➢ 利用 onMouseOver 和 onMouseOut 事件，改变菜单项的 className 属性，达到改变显示的 CSS 样式的效果。

6. 任务测评

可按下表所述内容进行任务测评。

序号	测 评 内 容	测 评 结 果	备 注
1	是否基本掌握关键知识点	好、中、及格	
2	是否正确地实施任务开发的步骤	好、中、及格	
3	是否正确运行 JavaScript 程序	好、中、及格	
4	编码是否具备较好的规范性	好、中、及格	
5	页面设计是否美观合理	好、中、及格	

模块7 职业教育教学方法和教学设计

7.1 职业教育教学方法介绍

7.1.1 职业教育教学方法概述

1. 职业教育教学方法的涵义

关于职业教育教学方法的涵义，人们给予过许多不同的解释。如有人认为，教学方法是师生为完成一定教学任务在共同活动中所采用的教学方式、途径和手段。也有人认为，教学方法是指以完成教学任务为目的的师生共同活动的程序、方式与措施。还有人认为，教学方法是为达成教学目标在教学过程中采用的一种师生协调活动的方法体系，是教师"教"的方式、手段和学生"学"的方式、手段的总和，包括教法和学法两个方面，是两者的有机统一。

随着对现代教学理念的不断深入研究，教学方法的定义明确体现以下四个方面的思想和内容：一是教学活动的双边性。教学活动是教师的"教"和学生的"学"密切联系、相互作用的双边活动。二是教的方法与学的方法相互联系与作用。三是教学方法的构成，从宏观上可以划分为组织结构、逻辑结构和时空结构。四是方法的实质是一种运动规律的规定性和活动模式，它规定人们按照一定的行为模式去活动。基于以上认识，我们把教学方法的概念表述为：教学方法是教学过程整体结构中的一个重要组成部分，是教学的基本要素之一，它直接关系着教学工作的成败、教学效率的高低和把学生培养成什么样的人。因此，教学方法问题解决的好坏，就成为能否实现教学目的、完成教学任务的关键。

2. 职业教育教学方法的选用依据

教学的成败在很大程度上取决于教师能否妥善地选择教学方法。教学方法是多样的，但任何教学方法都有特定的功能和适用范围，只有选择合适的教学方法才能最大限度地提高教学效率。

"教学目标"、"教学内容"、"教学对象"、"教师风格"、"教学条件"和"教学环境"等六个方面是职业教育教学方法选择时必须考虑的因素。教学方法的选择除了要考虑教学对象的年龄特点和知识水平外，还要考虑教学对象的数量和参与教学活动的程度。如当教学对象规模为 1 人时，应采用程序教学法、辅导、自学、项目工作法等；当教学对象规模为 2~20 人时，主要采用小组讨论、研讨、实验教学、车间实践、模仿、演示、案例研究、角色扮演、辅导和项目工作法；当教学对象规模为 21~40 人时，一般采用讲授、演示法；而当教学对象规模超过 40 人时，只能使用讲授法。教师在教学中应根据实际情况研究出适合职业教育特点，并与教学对象规模、自身条件、教学条件相适应的教学方法相适应的教学方法。

3. 职业教育教学方法改革发展的趋势

随着职业教育的发展和对职业教育本质的认识，职业教育教学方法改革出现了一些新动向。

1) 职业教育教学方法改革的主要趋势

职业教育教学方法改革的主要趋势有：

(1) 在教学理念上，由以教师为中心的教学方法向以学生为中心的教学方法转变，提倡"做中学、学中教"、"做学教一体"，强调培养学生动手能力和小组合作学习，要求教师做教学的组织者、引导者和协调员。

(2) 在教法与学法上，由重教法向教法与学法相结合方向转变，避免单纯的讲授与灌输，重视教学生如何学、如何获取知识和掌握技能。

(3) 在方法结构上，由单一的讲授法向重视培养学生综合职业能力的多种方法的综合运用转变，强调教学方法的多样性与灵活性及各种教学方法的相互配合。

(4) 在教学组织形式上，由以课堂为中心向以实训教学为中心转变，更加重视学生的实践能力。

(5) 在教学方法体系上，由一般教学方法向职业教育教学方法特别是对专业教学方法的探索方向发展，尤其是基于工作过程的行动导向教学方法越来越受到重视。由于行为导向教学注重综合职业能力培养、体现学生中心原则，成为我国职业教育教学方法改革的重点。

2) 职业教育的主要教学方法

体现职业教育特点的主要教学方法见表 7-1。

表 7-1　职业教育的主要教学方法

名　　称	基本含义、步骤及适用范围
模拟教学法	让学生在模拟环境中操作学习，一般与角色扮演法配合使用，适合不允许不熟悉业务人员上岗的岗位和工种，如变电站、电话局的机房、火车、飞机、轮船的驾驶、财务、金融等业务过程的模拟，以及一些高、精、尖的精密仪器的使用。模拟教学法分为模拟设备和模拟情景两种情况，前者如模拟汽车驾驶、模拟控制操作等，后者如模拟银行柜台、物流港口仓库、模拟公司等
角色扮演教学法	让学生在假设环境中按某一角色身份进行活动，借以达到教学目标。分为提出问题、挑选角色扮演者、观察与角色扮演、记录、讨论等五个任务。多适用于旅游、商业、管理等文科专业
项目教学法	师生通过共同实施一个具体的、具有实际应用价值的完整"项目"工作来进行教学行动，如小产品的制作、某产品广告设计、应用软件开发等。基本教学过程为：确定项目任务、制订计划、实施计划、检查评估、归档或结果应用。主要用于综合能力的培养，多与其他教学方法如引导文法等配合使用

续表

名　称	基本含义、步骤及适用范围
案例教学法	通过一个具体教育情境的描述，引导学生对这些特殊情境进行讨论的一种教学方法。主要教学过程为：阅读分析案例、小组讨论、全班讨论、总结评述。多适合于管理、教育、法律、医学等部分学科，特别是已掌握一定专业理论知识和有一定知识积累的高年级学生，不适合低年级学生的学习
引导文教学法	借助引导文等教学文件，引导学生独立学习和工作的教学方法，具体内容包括任务描述、引导问题、学习目的描述、学习质量监控单、工作计划、工具与材料需求表、专业信息、辅导性说明等。教学中分为获取信息、制订计划、做出决定、实施计划、检查、评定等六个任务，可配合讲授法、谈话法、讨论法、演示法、四任务教学法、项目教学法等使用
四任务教学法	将教学过程分为讲解、示范、模仿和练习等四个任务进行的程序化的技能培训教学方法，主要用于专业技能的实践教学。以"示范－模仿"为核心的教学方法还可分三任务和六任务教学法等
头脑风暴法	教师引导学生就某一课题自由发表意见，教师不对其正确性进行任何评价的方法。教学过程一般为：教师解释运用方法、学生即兴表达想法与建议、师生共同总结评价。适合于解决没有固定答案的或没有参考答案的问题，以及根据现有法规政策不能完全解决的实际问题，如市场营销中的买卖纠纷、广告设计等。该法能够在最短的时间里获得最多的思想观点，可插入到任何一个教学单元或工作过程中
张贴板教学法	在张贴板上钉上由学生或教师填写、有关讨论或教学内容的卡通纸片，通过添加、移动、拿掉或更换纸片而展开讨论，提出结论的研讨班教学方法。主要用来收集和界定问题、征询意见、制订工作计划、收集解决问题的建议以及做出决定。教学过程一般为：教师准备、开题、收集意见箱、加工整理、总结
现场教学法	在生产现场直接进行教学的教学方法，让学生在实习现场或工厂车间，教、学、练、做、训相结合，缩短理论课堂教学与实际生产应用的距离
模块教学法	把学生掌握的知识或技能，根据具体工种、任务和技能的要求，严格按照工作规范划分成若干独立单元(即模块)进行教学的方法。教学过程为：划分教学模块、实施模块教学、改进教学方案
要素作业法	通过对手工生产劳动过程的分析，从中抽出操作要素编成单元作业，然后在与生产现场相脱离的场合按一系列要素作业进行教学的方法
个别工序复合作业法	教师先让学生分别学习和掌握本工种最简单的几个要素工序，然后将这几个要素工序复合起来加以运用，进行简单作业，以后再学习几个新的要素工序，再进行包括以前学过的要素工序及新学的要素工序在内的更复杂的作业
主题教学法	20 世纪 80 年代在澳洲发展出的一种以主题内容为基础的教学方法

7.1.2　计算机应用课程常用教学方法

基于计算机及应用专业课程特点，除了上述教学法之外，还常常采用以下几种模式教学方法实施授课，以保证学员迅速掌握技能、获取项目开发和设计经验。

1. 3W1H 教学方法

3W1H 教学法是职业院校与北大青鸟 ACCP 合作教学中引进的一个有效、实用的教学方法。3W1H 教学法主要是将讲授内容总结为 WHAT、WHY、WHERE 和 HOW。通过该教学法，使教师保持清晰严密的授课思路，快速有效地进行教学工作，同时也可以让学生在学完一门课程后，清楚地知道它的应用环境和应用场合，能够更快地结合社会实际需要，投入到实际的开发工程中去，从而为实现个性化的学习、开发和探究式学习奠定基础。

3W1H 教学法建立在传统教学法的基础上。它既发挥教师的主导作用，又体现了学生认知主体的作用。在 3W1H 教学法中，教师通过自身的主导作用，运用 3W1H 的教学理念把知识点进行划分，并且通过创设相关的情景对学生进行引导，便于学生循序渐进地学习和接受相关的知识。在整个过程中，教师有时处于中心地位，但并非自始至终。学生有时也处于传递—接受学习状态，但更多的时候是在教师的帮助下进行主动的思考和探索。计算机有时成为学生自主学习的认知工具。教师、学生、认知工具等要素在教学过程中形成有机的统一体。

在传统教学中，重要的是让学生去了解所学的知识点，而在 3W1H 中，最重要的是让学生了解这个知识点"用在哪里"和"怎样运用这个知识点"，并且在学习到相关知识后能够举一反三，从而掌握更多相同或相似的知识。这两者之间的区别就在于"认知"和"应用"。

1) 3W1H 教学法在课程中的实施

计算机应用基础是中职学校的一门基础课程。如何在课堂的教学中让学生更好地掌握相关知识，关键要看教师如何使用更有效的教学方法让学生去学习。下面通过计算机应用基础课程中的一个知识点——"合并计算"来阐述 3W1H 教学法的应用。

围绕 Excel 合并计算的相关内容，采用 3W1H 教学法，运用 WHAT、WHY、WHERE 和 HOW 将合并计算的内容先划分成三个部分(发现问题、提出问题和解决问题)，然后让学生在这三个过程中更好地掌握知识。

2) 实施的具体过程

(1) 发现问题(WHAT)。

什么是合并计算？这是教师在教学中第一个要讲授的知识点。进行课程讲授的时候，教师通常可以通过列举一个简单的案例来引入什么是合并计算。

举例：目前大部分的公司或企业在对职工进行年度绩效考核的时候首先就要看职工的考勤情况，因为如果连最基本的考勤都不及格的话，那绩效就肯定达不到及格以上。对于考勤，每个部门在每个具体的时间段内都会有相关的数据表，因此在年度考核当中要对所有数据统计的话，就要把所有的表单里面的数据合并在一个表格内然后再进行相关的计算。

提问：要通过什么样的方法才能高效地完成统计？

先让学生去思考和讨论。因为讨论的过程是课堂气氛最活跃的时候，而且讨论也是让学生对学过的知识进行复习的一个比较好的手段。在讨论结束后，对学生的讨论结果进行总结，接着引出知识点——"合并计算"，并对其概念进行解释。

合并计算：对多个分散的表格内的所有数据进行汇总的过程。

(2) 提出问题(WHY、WHERE)。

在清楚了"WHAT"之后，就要了解"WHY"以及"WHERE"了。

例如要统计某个月份的员工出勤情况，一般的做法是在出勤统计表中对员工的出勤天数、加班天数、请假天数等表栏项目进行调整，然后将数据全部复制到一张表中，再按照某个特定的字段进行分类汇总。

- 提出问题：为什么要这样做？这个做法效率如何？可否用另外的方法？
- 学生思考：做法费时费力，效率低下，而且容易出错。
- 引出：为了有效地减少错误，在此情况下使用 Excel 的合并计算功能。因为在合并计算中，不管需要统计的数据是否都在同一个工作表或工作簿内，都可以进行运算而不需要把多个分散的表格中的数据整合在一个工作表中，这就在一定程度上提高了效率。

然后，教师继续引导：合并计算用在什么地方？教师不直接回答，培养学生发现问题、分析问题和解决问题的能力。

(3) 解决问题(HOW)。

当掌握好 3W 之后，接着要做的步骤就是 H(HOW)了。在本例中，1～12 月份的出勤统计表是源区域数据。要进行合并计算，先新建一个汇总表，设定好需要汇总的分类项目。在"出勤统计表"中，选择菜单"数据"→"合并计算"命令，"函数"选择"求和"，"引用位置"选择第一张表"1 月份出勤统计表"表中需要合并计算的所有列，按"添加"。此时在"所有引用位置"栏中应显示添加进来的第一行数据。依次添加"2 月份出勤统计表"、"3 月份出勤统计表"直到"12 月份出勤统计表"，共 12 张表的数据。经过运算后就得到了全年的考勤统计汇总。

"HOW"是问题解决的过程，通过演示操作，让学生对知识点有深刻的了解，但在演示操作过程中，要充分了解学生的知识结构和状况，引导或帮助学生更好地掌握相关内容。以 3W1H 教学法为指导进行教学，会使教与学的逻辑思路更加清晰、明确，即教师教得胸有成竹，学生学得清清楚楚。

3) 教学实施注意点

- 注意 WHY 环节，如果没有 WHY 环节，没有引入就直入主题，不能抓住学生的注意力，教学目的性不强。
- 如果 WHY-WHAT-WHERE 不连续将看不到 HOW 环节演示的具体结果，导致学生注意力分散。
- 注意 WHERE 环节，如果缺少 WHERE 环节，学生虽然明白概念但却不知道在何时使用。

2. 课堂设问和提问教学法

高质量的课堂离不开引导与启发，而上课提问则是老师们最常用的方法，也是实践证明比较有效果的方法。其实，提问无论是在传统课堂还是新课堂中老师们都在用，但效果不同，区别就在于"问"的出发点不同。

1) 实施基本方法

课堂提问时，通过带有疑问性的语气，自问自答，引起学生的兴趣，活跃课堂气氛；在关键的知识点和技能点引导学生回答。在实施中不宜设问过多，应保证提问的质量，不要提出太宽泛的问题，例如 JavaScript 语法包含哪些内容？另外，不论学生回答正确与否，都应予以鼓励。

2) 提问的技巧

不同的提问具有不同的功能，用得好则教学效果好，用得不好相当于没问。所以，教师要熟悉几种提问的方法与技巧，分清不同问法之间的异同，才能熟练驾驭这些方法。

(1) 设问是提问的基础。这里讲的"设问"，是指教师根据教学内容与学生实际情况设计出来的问题。这些问题可以放在预习作业中，让学生提前思考；也可以放在课堂中由老师适时提出来。设问的内容一方面要抓住课文重难点，问在刀刃上，以便解决主要问题；另一方面要结合学生生活与认知能力，让学生既能回答出来，有需要经历一定的思考过程。例如：在《计算机基础》课程合并计算教学中，老师设计的问题是"合并计算在我们日常生活中的哪些场合会用到？有什么优点？"这样的提问属于提前设计的问题，教师有备而来，问题是精致化的，经过深入研究的。

(2) 追问是思维的激发。如果说设问是教师有备而来的问题，那么追问既可以有备而来，也需要临场发挥。因为课堂中学生思维具有多变性与未知性，教师要随时根据学生的回答进行进一步引导提问，这就是追问。追问具有层次性，可以让不同层次的学生思考不同层次的问题；追问还具有引导性，可以把知识层层剥皮，让学生体验知识的形成过程。

(3) 反问是互动的灵魂。这里讲的"反问"既是指教师的反问，也是指学生的"反问"。教师反问通常出现在学生思维发生偏差时或者思维障碍时。例如：在教学中教师经常问的"还有呢？"、"假如是你呢？"等问法，都是反问。再如：《春到梅花山》教学中，教师问："梅花一般是什么时候开呢？"有学生回答："腊梅冬天开。"这个答案是错误的，所以老师接着问："梅花都是冬天开吗？"就是反问。但是，来自学生的"反问"比教师的反问更加有价值，在课堂教学中，我们习惯了让教师来提问，忽视了学生的提问。其实要充分发挥学生的主体性，不仅要让学生能够解决教师设计好的问题，更要让学生学会发现问题、提出问题。能激发学生反问的教师是最优秀的教师，因为在他的课堂中，学生的积极性与思维能力已经被充分调动起来。

3) 教学实施注意点

- 避免设问不够，导致课堂气氛沉闷。
- 避免问题必要性不大，质量不高。

3. 对比教学法

1) 教学方法的应用场合

前面已经有相似、相关的概念，例如 JavaScript 和 C 相关知识的对比。

2) 实施的基本要素说明

➢ 　罗列相关的概念，重点说明差异。
➢ 　演示相关的代码，指出代码的差异。

3) 实施要点

关注学生的技能现状，主动帮学生进行知识总结、归纳。如果相关的知识没有对比，会导致学生感觉重复，或者分不清楚差异。

4. 现场编程教学法

在有代码编写讲解的教学中，一个技能(知识)点讲解完毕后小结时，通过一个简单的、代表性强的编码题要求学生现场解答；所有学生在计算机上现场编写代码，在 5～10 分钟之内完成。这种教学方法有利于明确学生是否真正理解技术内容，同时加强其动手意识。

实施要点：

在现场编程中要注意题目不宜太难、学生解答不出来，拖延时间太长，导致课堂讲解时间不够甚至课堂失控。

5. 课堂陷阱教学法

在教学中，例如编写代码讲解中，把代码故意写错，通过"出问题了"来吸引学生注意力("抖包袱")，通过在典型的、容易出错的地方故意犯错，提高学生对代码、概念的理解和认识。这种教学法的主要使用场合是在代码讲解、代码演示的时候。

实施要点：

(1) 充分准备、避免下不了台(避免出错误了自己也调试不通)。

(2) 避免从头到尾进行代码直接讲解，学生对代码理解不深刻；

(3) 避免学生只是大体上理解了代码，但是被动的理解，常见的问题依然不能解决。

6. 任务分解教学法

在学生进行编程练习时，有时对于比较复杂的问题，学生会无从下手，无法完成解答，此时可以通过"分解动作"来完成。即通过把大的任务、复杂的问题分解成小的问题，逐步解决，既方便监控，又提升实施效果。

实施要点：

(1) 对任务进行切分，每 5～20 分钟完成一小块。

(2) 在任务分解中要进行适当的细分，并进行有效的监控，否则学生时间控制不好，导致上机练习效率低、完成率低。

(3) 在讲解较复杂的案例时，也可以采用任务分解教学法，由简入深，逐步深入，引导学生更好的理解。

7.2 课程的单元教学设计

教学设计是课程与教学之间的一个重要环节，是教师劳动创造性的表现。教学设计的意义在于努力实现教学过程的最优化，达到用的方法巧、花的时间少、费的气力小、取得的效果好的目的。

1. 教学设计的依据

教学设计的依据主要有：

(1) 学科性质；

(2) 教学任务的要求；

(3) 教材内容的特点；

(4) 教学原则的要求；

(5) 教师本人的教学特点和风格；

(6) 学生的年龄特征和个体差异。

职业教育课程的教学改革，就从课程的单元设计开始。什么是课程的一个"单元"？就是一次课。在时间上紧密相连的一次课，叫做一个单元，学生的学习过程客观上被分成这样的单元进行。一个课程单元，就像电视连续剧中的一集。教师的备课从来都是以单元形式进行的，教案也是针对课程的一个单元写成的。

在教学改革中，所有的课程实例都用对比方式展示。首先展示传统的课程教学设计，分析其问题所在，然后展示按照新的职业教育观念进行的课程教学设计，从同一课程教学设计的对比中看出新旧观念的巨大差异。教师可以从这里出发，找到自己观念上需要改造的地方，联系自己承担的课程，训练自己按照先进观念进行课程教学设计的能力。

2. 教学设计的基本要求

教学设计的基本要求包括：

(1) 单元教学设计要有整体性。整体性主要体现在教学目标的设定和教学内容的整合。

(2) 单元教学设计要有相关性。相关性主要体现在课型的选择与教学目标和内容相关；教学方法与教学目标和内容相关；教学活动与教学活动之间和教学目标相关。

(3) 单元教学设计要有阶梯性。阶梯性主要体现在教学活动的设计与教学内容相结合，要从简单到复杂，从单一到综合，从基础到提高，活动的要求体现循序渐进的教学原则。

(4) 单元教学设计要有综合性。综合性主要体现在整个单元教学能否体现培养学生综合运用语言的能力，包括单一目标与五维教学目标综合，语言知识和语言技能综合，单一技能与多项技能综合。

3. 教学设计的基本要素

不论哪一种教学设计模式，都包含下列五个基本要素：教学任务、教学目标、教学策略、教学过程、教学评价。

1) 教学任务

新课程理念下，课堂教学不再仅仅是传授知识，教学的一切活动都是着眼于学生的发展。在教学过程中如何促进学生的发展，培养学生的能力，是现代教学思路的一个基本着眼点。因此，教学由教教材向用教材转变。以往教师关注的主要是"如何教"问题，那么现今教师应关注的首先是"教什么"问题。也就是需要明确教学的任务，进而提出教学目标，选择教学内容和制定教学策略。

2) 教学目标

新课程标准从关注学生的学习出发，强调学生是学习的主体，教学目标是教学活动中师生共同追求的，而不是由教师所操纵的。因此，目标的主体显然应该是教师与学生。

教学目标确立了知识与技能、过程与方法、情感态度与价值观三位一体的课程教学目标，它与传统课堂教学只关注知识的接受和技能的训练是截然不同的。体现在课堂教学目标上，就是注重追求知识与技能，过程与方法，以及情感、态度与价值观三个方面的有机整合，突出了过程与方法的地位，因此在教学目标的描述中，要把知识技能、能力、情感态度等方面都考虑到。

3) 教学策略制定

所谓教学策略，就是为了实现教学目标、完成教学任务所采用的方法、步骤、媒体和组织形式等教学措施构成的综合性方案。它是实施教学活动的基本依据，是教学设计的中心环节。其主要作用是根据特定的教学条件和需要，制定出向学生提供教学信息、引导其活动的最佳方式、方法和步骤。

4) 教学过程

众所周知，现代教学系统由教师、学生、教学内容和教学媒体等四个要素组成，教学系统的运动变化表现为教学活动进程(简称教学过程)。教学过程是课堂教学设计的核心，教学目标、教学任务、教学对象的分析，教学媒体的选择，课堂教学结构类型的选择与组合等，都将在教学过程中得到体现。那么怎样在新课程理念下，把诸因素很好地组合，是教学设计的一大难题。

5) 教学设计自我评价

新课程理念下，教学设计的功能与传统教案有所不同，主要在于它不仅仅只是上课的依据。教学设计，首先能够促使教师去理性地思考教学，同时在教学元认知能力上有所提高，只有这样，才能够真正体现教师与学生双发展的教育目的。

7.2.1　单元设计改造案例

课例 1　建筑防雷 1(单元设计例)

1) 课程教学实况

这次课由一位来自企业、实践经验丰富的中年教师执教。他的讲解内容及步骤如下：

(1) 雷电成因、雷电危害。

(2) 雷电分类、防雷标准。

(3) 防雷措施。

(4) 黄山实例。

2) 课程教学设计点评

课程的这种讲法，正是传统的知识传授型课程教学模式。以知识为目标，以教师讲授为主，由概念引入，以逻辑推理为中心，以教师为主体。课上没有学生的能力训练。"上课时，学生要练吗？"当然要练！这里所说的"练"不是概念提问、不是知识巩固，而是训练学生运用知识做事(例如防雷设计)的能力！用课程教改的原则衡量一下：能力目标、任务训练、学生主体这三者在这堂课中一个也不具备。所以是典型的不合格职业教育课程。最重要的是，任何一次课首先要突出"能力目标"，然后解决教学不要从抽象的概念入手，要从直观入手的问题。

根据我们的点评和讨论，课程主讲教师对课程教学设计进行了修改。

课例 2　建筑防雷 2(单元设计例)

备课时，教师自己首先要明确本次课程的能力目标。然后根据这个能力目标设计本课程能力训练的项目或任务。项目(任务)确定后，教师要设计能力实训的过程。所谓"能力目标"，就是"通过本次课的学习，学生能用××，做××"。能力目标的描述要求具体、实际、可检验。本课例的单元设计如下所述。

• 能力目标：能用课本上的标准，对指定建筑设计初步防雷措施。

- 课程的引入：从直观的雷电照片和黄山防雷的实际问题开始，以知识实际应用的精彩实例为中心，提出防雷设计的任务。
- 完成本次课程任务。查阅课本的标准、分组设计、结果讨论。考虑避雷针不够：要防侧击雷，由此引出雷电的分类问题。
- 系统知识的引出，归纳上升(成因、危害、分类、标准)，总结熟记。
- 提出新任务，进行设计讨论。对细节技巧进行总结归纳。

经过重新设计后，课程实施的特点主要有：有明确的能力目标，由直观的实例引入，以防雷任务为载体，以防雷中的问题为中心，学生要动手操作，学生是课程教学过程的主体，有能力训练，课程有知识的归纳总结。值得注意的是，知识的引入是由实际需要引起的，不是由知识体系引起的。例如，侧击雷的引入是由黄山建筑防雷的要求引入的，不是由雷电分类的知识体系引入的。

课例 3　展示工程 1(单元设计例)

1) 课程教学实况

这是艺术设计专业的一次课。课程讲解方案如下：

(1) 逐一讲解 6 个布展要素(主题、对象、氛围、空间、色彩、照明)的定义、概念、要点和应用。

(2) 佳作欣赏，国际布展佳作 10 个。

(3) 作业布置。

2) 课程教学设计点评

课程的这种讲法，正是传统的知识传授型课程教学模式。以知识(布展要素)为目标，以教师讲授为主，由概念引入，以逻辑推理为中心，以教师为主体。课上没有学生的能力训练，例如运用上述要素进行布展的能力。课程应用的是典型的"知识线索、先讲后用"方式，而且把能力的训练推到课后。用课程教改的原则衡量一下：能力目标、任务训练、学生主体，在这堂课中，这三者一个也不具备，所以也是典型的不合格职业教育课程。

根据我们的点评和讨论，课程主讲教师对课程教学设计进行了修改。

课例 4　展示工程 2(单元设计例)

尽管本课程的专业类型与课例 1 完全不同，但是课程教学设计的思路和方式是完全相同的。备课时，教师首先要明确本次课程的能力目标，然后根据这个能力目标设计本课程能力训练的项目或任务。在寻找本课程能力目标的时候，教师表现出非常典型的思维误区："对于一年级的第一堂课没有什么能力要求。创意能力？设计能力？布展能力？这些能力要学完全部课程之后才会具有！所以这门课中找不到能力目标"。事实上，课程的能力目标是分层此、分级别的。一年级有低层次、低级别的能力要求。课程的能力目标要分层、分级描述。

具体到这堂课，对任一展览的布置，学生能用专业术语(概念)进行初步的分析和评价，这样的"能力"就可以定为本次课的能力目标。是不是"不要知识"了？当然不是。在上述能力目标中已经包括了知识目标，没有关于布展的 6 个要素的知识，学生是不可能达到"能运用专业术语进行分析评价"的能力目标的。能力目标的确定，是课程单元设计最重要的第一步。以下是课程的单元教学设计。

● 本次课程的能力目标：能用专业术语(概念)，对任一指定展览的布置进行初步的分析和评价。

● 课程的引入：从直观的布展实例欣赏开始，以学生的现有常识进行分析评价。

● 教师针对学生用常识分析评价的不足，介绍布展的六个要素：主题、对象、氛围、空间、色彩、照明。

● 运用专业术语重新对布展实例进行分析和评价。

● 布置作业。

经过重新设计后，课程实施的特点主要有：有明确的能力目标，由直观的实例引入，以布展分析评价任务为载体，以布展六要素为中心，由学生实际操作。学生是课程教学过程的主体，学生有能力训练，课程有知识的归纳总结。值得注意的是，知识是由实际需要引出，不是由知识体系引出的。例如，布展的六要素不是由课本知识体系引出，而是由学生专业水平不足引出的。

7.2.2 课程单元教学设计的要点

1. 课程单元设计要点

课程单元设计要点如下所述。

(1) 将课程内容按照实施的时间，划分成若干单元。确定每单元课程目标时，首先要准确叙述课程的能力目标，然后确定相应的知识目标、情感目标、素质目标等。

(2) 课程的评价标准和课程所有的活动，必须以学生为主体。

(3) 选定每单元课程训练单项能力的任务。

(4) 设计能力的实训过程，确定演示、实训、实习、实验的内容，做好实践教学的各项准备。

(5) 做好有关的知识准备。

(6) 设计课程内容的引入、驱动、示范、归纳、展开、讨论、解决、提高、实训等过程。

(7) 做好板书、演示、展示、示范操作设计和实物准备。

(8) 上面所说的"能力目标"、"实训过程"和"以学生为主体"这三项，是课程单元设计的重点。

2. 对专业教师的几点建议

(1) 要教"课"，不要教"书"。"课"的内容是根据毕业生职业岗位要求制定的，"书"的内容是按照知识体系或叙述体系设计的。课程教学必须以课程目标为准，不能以课本为准。

(2) 要设计，不要照本宣科。对于课程教学而言，没有一本书是可以照本宣科的，自己写的课本也不行，因为写书的逻辑与讲课的逻辑是不同的。从课本到课堂需要一个教学设计过程，就像从小说到电影需要写文学剧本和导演分镜头剧本一样。

(3) 要应用，不要单纯知识。职业教育要求打破单纯传授知识、盲目积累知识的教学方式，突出能力目标就是要让知识为做事服务。

(4) 要能力，不要单纯理论。在做事的过程中学习相关知识，这是高效学习的必由之路。那种盲目积累知识，以为"有了知识就有能力"的想法、做法都是极其幼稚的。

(5) 要一精多能，不要泛泛应付。老师要有精品意识，要把自己有兴趣的课做好、做精，以这个课为中心，逐步提高自己的授课能力和教学水平。

(6) 教无定法，要认定原则，但不固执坚守某种具体的模式和方法。课程评价的最终标准是效果。只要学生有兴趣，能主动参与，在能力上有显著提高，使用各种模式方法都是可以的。不限制唯一的教学模式，质量和教法由学生的学习效果检验。要鼓励创新：你的教学模式方法与此不同，但只要效果好，就可以立即宣传供大家研究学习。

(7) 但另一方面，也不允许坚持落后。借口"课堂效果不好，不是我的问题，是学生水平低……"而拒绝改革，是不可以的。如果课堂效果不好，又没有更好的方法，岂不是误人子弟。作为教师，要学会随时改变自己的观念(古人说：从善如流)，勇于、善于学习新东西，对新东西永远保持敏感和好奇。

7.3　课程的整体教学设计

过去上课从来都是按课本讲，顶多对实例、内容有所增删，从来没有"整体设计"过。那什么叫课程的整体设计？

课程教学的"整体设计"是我们按照先进职业教育观念提出的一个教学改革新概念。按照系统理论，一个系统的每个单元都好，整体不一定好。对于一门课的教学，尤其如此。每一堂课是自身合理的课，整体上未必是最优的，要从单元"联系"的角度对课程教学设计进行整体优化。

体现先进职业教育观念的课程教学，基本原则总共六项：

(1) 职业活动导向。

(2) 突出能力目标。

(3) 项目载体。

(4) 用任务训练职业岗位能力。

(5) 以学生为主体。

(6) 知识、理论、实践一体化的课程设计。

反映旧的课程教学观念的相反原则是以下这六项：

(1) 知识系统导向。

(2) 突出知识目标。

(3) 用课堂活动、问答、习题巩固知识。

(4) 用逻辑推导来训练思维。

(5) 以教师为主体。

(6) 知识、理论、实践分离的课程设计。

7.3.1　整体课程改造案例

课例1　珠宝文化与欣赏1

1) 原课程教学设计

(1) 授课对象：珠宝专业一年级新生。

(2) 课程内容：以古今中外关于珠宝的故事、典故、诗词歌赋为主线展开，重点介绍珠宝的基本知识，穿插红楼梦、福尔摩斯作品中关于珠宝的故事，提供月亮宝石，现代侦探小说、警匪片等与珠宝文化有关的资料。

(3) 课程设计：以宝石的知识、故事、趣闻为线索展开，配合以诗词歌赋、影像资料。

(4) 第一堂课设计：珠宝概论。

2) 课程教学设计点评

若仅仅是知识介绍，那只要一本书、加一张盘，让学生自己看就行了，或者顶多开个讲座即可，为什么要上课？所以，单纯的知识内容不构成一门课。职业教育课程不是讲座。如果以知识为中心，特别是课程没有能力要求，不用进行能力的实训，那只要开个全校的公共讲座就够了。没有"能力"要求的课，必然没有实训。知识的考核结果必然是死记硬背结论。

课例 2　珠宝文化与欣赏 2

首先进行学员的职业岗位能力分析。许多课程的通病是，认为"低年级学生不可能有能力目标。珠宝的鉴别、加工、设计能力都在以后的课程中，一年级的课都是知识。"这是不对的！事实上，能力可以分类、分层、分级表述。有简单/复杂的能力，有低级/高级的能力。高年级固然有比较复杂的能力要求，但一年级也有一年级自己的初级能力要求。初级能力要求并不是次要的，不是可有可无的。

低年级达不到高级能力，可以有初等的相关能力。例如这门课，学生可以形成"主要宝石的评价能力、介绍能力"。这个能力目标一定，立刻就把该课程所有的"知识"都涵盖在内了。可见，为课程设计恰当的能力目标有多么重要！所有的课都如此。并不是哪一门课没有能力目标，而是老师还不习惯，没考虑、没找到恰当的能力目标。

(1) 课程内容：为了实现上述能力目标，原定的"古今中外关于珠宝的故事、典故、诗词歌赋"就只能作为课程的辅线了，而将"珠宝的生产、加工、设计、营销过程"上升为课程内容的主线。这就体现了职业岗位的针对性。当然，课程的标题也可以随之相应变动。

(2) 课程教学设计：课程内容以宝石的生产、加工、设计、营销、展示、介绍、鉴定、使用、保养为线索展开。也就是说，要按照该专业相关的职业岗位操作流程，设计课程内容。考虑到一年级新生，为建立专业兴趣，另外精心搭配相关的故事、典故、诗词歌赋作为课程内容的辅线。主线与副线相互配合。

(3) 能力实训与考核：上述内容的展开，一定紧紧围绕学生对宝石的评价与介绍能力的训练。其他较高层次的能力(珠宝的生产、设计、鉴定等能力)将在以后的专业课程中展开。能力目标清晰了，课程教学方式就有了依据：分组开店、正反介绍、角色扮演、企业竞争等等都成了题中应有之义。学生还可以学会实用的、有偏向的宝石介绍等专业技巧。

(4) 第一堂课设计：在黑板上悬挂 10 个不同的首饰，让学生开价竞购。这一活动立刻暴露出学生对宝石的无知，同时这一意外使学生产生了兴趣与悬念。学生对宝石评价的重要性有了切身感受，这就为整个课程的后续内容提供了认知动力。

课例 3　模拟电子技术 1

1) 原课程教学设计

(1) 授课对象：电子技术、机电类、计算机等二年级学生。

(2) 授课进度：

➤ 1～6 周，绪论、定义、概念、公式、定律、方法、直流交流计算。

➤ 7～15 周，单元电路原理与实验。

➤ 16～18 周，整机电路分析与设计。

➤ 19～20 周，复习笔试。

(3) 考核设计：笔试、实验报告、作业。

(4) 第一堂课：绪论、历史、课程名称、内容。学生始终被动听讲。

2) 课程教学设计点评

作为电工、电子、计算机、通信类的重要专业基础课，《模拟电子技术》课中概念、理论内容分量很重，内容抽象难懂。上述课程的"教学设计"实际上没有设计，仅仅是按照传统课本顺序进行讲解而已。这样上课，在今天的职业院校中，课程教学效果很差。必须按照课程改革的要求，对课程教学进行全面改造。第一步就是进行课程能力目标的分析。

课例 4　模拟电子技术 2

1) 职业岗位能力分析

首先进行学生的职业岗位能力分析。对于这样一门重要的专业基础课，能力需求必须详细列出，如下所述。

➤ 元器件的识别、测量能力。

➤ 电路图识图、绘图能力(手工、专用软件)。

➤ 电路焊接、制作、测量、调试、故障定位、维护、修理，测绘能力。

➤ 单元电路分析、计算、初步设计能力。

➤ 整机电路分析、计算、初步设计能力。

➤ 工具使用能力(电烙铁、螺丝刀、镊子、钳子、钻头、锉刀、绘图模板)。

➤ 仪器使用能力(万用表、整流电源、信号发生器、示波器、毫伏表)。

➤ 专业软件使用能力(电路图绘图软件、仿真软件、文字处理软件)。

➤ 电子产品说明书阅读、写作能力。

➤ 专业外语能力(软件屏幕、资料)。

➤ 安全操作能力。

在一门课中训练所有这些能力，可能吗？ 可能！当课程要求学生必须完成一个实际产品项目时，所有这些能力必然全都训练到。

2) 课程项目设计

在这样一门专业基础课中，应当让学生完成一个什么样的小型电子产品开发制作呢？在课程改革的大量实践中，我们总结出课程项目(任务)必须具备的几项要素：实用性、典型性、综合性、覆盖性、趣味性、挑战性、可行性。刚开始选用的"无线话筒"项目，学生很有兴趣，也具备实用性，但是"覆盖性"不满足课程要求，于是我们改选了"扩音机"，课程改革从此走上正确道路。对于《模拟电子技术》课程来说，传统的验证性实验、单纯的知识传授、仅仅使用面包板插接、仅仅买套件焊接、单纯教授单元电路内容等传统教学方式，都不能满足职业教育的"能力目标"要求。从这一点看，与普通高校相比，职业教育不但有自己的特点，而且对教师和学生的能力要求不是降低了，而是提高了许多。

3) 重新设计后的教学方案

(1) 授课进度：

➢ 1～9 周，单元电路知识制作测量(单项实训)。从感性经验、模糊理解入手。

➢ 11～15 周，直流交流计算和电路理论分析方法。同时进行单项能力考核。

➢ 16～18 周，扩音机制作演示(综合实训)。成果演示、综合能力考核。

(2) 考核设计：笔试、个人操作、项目制作、单元电路制作、作业和口答(表达能力训练的必要性)。

(3) 第一堂课设计：① 课程名称、内容、要求、考核方式，特别是每人单独通过的单项能力考核。② 家里有音响吗？用过音响吗？做过音响吗？你也能做！扩音机样品展示，综合项目要求。③ 分组、元件辨识测量、仪器面板画图翻译。④ 布置作业预习第一章，制作单管放大器。学生始终兴奋参与。

4) 课程教学设计点评

新的课程教学设计体现了新的课程教学理念，突出了课程的能力目标，选择了符合要求的项目任务，开展了精心设计的项目实训，以学生为主体，实现了一体化的课程教学。其中的核心是"能力目标、项目载体、能力实训"三个重要原则。

7.3.2　课程整体教学设计的基本原则

1. 确定课程的整体目标

首先必须确定课程的整体目标，特别是课程的能力目标。以职业岗位需求为准，首先确定能力目标。用具体、可检验的语言，准确描述能力目标：能用××做××。这一点与课程的单元设计是一样的，只是这次是针对全课程，不是仅仅一次课。

2. 内容改造

职业教育课程的内容必须以职业活动为导向。课程的实例、实训和主要的课堂活动，都要紧紧围绕职业能力目标的实现，尽可能取材于职业岗位活动，以此改造课程的内容和顺序，从"以知识的逻辑线索为依据"转变成"以职业活动的工作过程"为依据。

3. 综合项目

选择、设计一个或几个贯穿整个课程的大型综合项目，作为训练学生职业岗位综合能力的主要载体。这就是以项目为课程能力训练载体的原则。项目的选择要点是：实用性、典型性、覆盖性、综合性、趣味性、挑战性、可行性。课程综合项目的设计，最考验任课教师的功力和水平，项目设计的好坏在很大程度上决定了课程教学的成败。

4. 单项项目

尽可能是大型项目的子项目，用于训练学生的单项能力。尽量避免类似习题的、许多相互无关的并行小练习。

5. 课程教学过程的一体化设计

知识、理论、能力训练和实践应当尽可能一体化进行，在教学过程设计中需要考虑各个部分内容在教学中的实施切入，知识和理论是能力训练的基础，能力训练又是获得实践能力的手段。这些阶段的实施建议在一体化教室进行。

6. 操作

教师自己必须实际完成所有要学生完成的项目和任务。自己有了实践经验和成败体会，才有资格上讲台教学生。

7. 课程考核设计

考核是相对于目标而言的。突出能力目标，就要研究如何突破知识考核，怎样体现"能力考核"的要求，不是仅用概念问题考核，而主要用任务考核，就可以实现这个目的。用综合项目进行考核，在职业现场考核，都是可以采用的方式。

能力考核不是不要笔试。笔试考核中同样要突出能力考核：画图能力、计算能力、分析能力等等。平时的作业考核，课堂上的问答考核，出勤管理考核等等，也是过程考核的一种方式。用"能力证据"考核，让学生到社会上(企业中)完成任务，经第三方证明其效果和能力，也是一种考核方式。让企业介入到学生质量考核中，是克服传统考核弊病的有效方式之一。总之，新的职业教育观念要求我们对学生进行全面考核、综合评价。

8. 第一堂课设计

传统的"绪论"不要再占用宝贵的课时了。整个课程的第一堂课，其主要任务是让学生对课程的整体有个鲜明印象，对课程的进行充满兴趣和期待。因此，第一堂课必须按照新的理念进行精心设计。

教师所有的观念都体现在课程进度表中。反过来说，只有体现在进度表中的理念，才是在老师的实践中真正起作用的理念。仅仅回答观念问题是毫无意义的。所以，对课程整体设计进行考核，要以课程进度表中实际体现出来的理念作为标准。

7.3.3　课程整体设计要点

1. 课程整体设计要点

1) 目标明确

每个单元课程都要有明确的目标，特别突出能力目标。

2) 案例引入，问题驱动

教师举案例，不是为了引向"新概念、新知识"，而是为了引向任务、问题。并且要注意引入正反实例，操作示范。能力的形成必须有正反两面的实例，通过对比才能真正形成做事的能力。目前的教学中，通常只有正面实例，而缺乏反面实例。对于相对复杂的操作，教师要做解决问题的操作示范。

3) 实例模仿，改造拓宽

老师以实例进行操作示范，学生可以先模仿，然后将实例的功能进行提升，将实例的结构进行改造，由学生尝试独力完成。

4) 讨论消化，归纳总结

事情做完之后，对其中使用的知识进行消化总结。注意，不是先学后用，而是尽可能先做，先完成任务。知识是完成任务的工具，能力是主要的教学目标，知识本身不是教学的主要目标，而是为"做事"服务的工具。

5) 系统知识，定量理论

这两项是职业教育必须具备的。没有系统的知识、没有定量的理论就不是高等教育，但是职业教育绝对不能采用传统的以系统知识和定量理论为主要目标的教学模式。

6) 理实一体，练习巩固

用理论与实践一体的方式完成项目和任务，使能力与知识同时得到训练和巩固。

7) 教师讲 A，学生做 B

老师演示的任务与学生完成的任务最好是不同的。避免学生仅仅对每个实例死记硬背。能力表现为解决同一类型的不同问题，不是仅仅死记一种解法。这项原则被几位老师演变成课程教学中"双线并行"的贯穿项目设计。就是老师上课带领学生完成一个相对简单的贯穿项目(任务)，学生课外完成另外一个同类的、相对综合复杂的贯穿项目(任务)，效果很好。

2. 实训课程要一体化设计

以为"职业教育就是多多操作，实训时间越多越好"，这是片面的认识。这样做的结果是，安排了大量放羊式管理的实训课程，结果是实训课程的效率极低。这是教学管理观念上的重大误区。实训课，特别是大型实训课(例如毕业设计等)必须有明确的(能力)目标、精心的安排、严格的管理，必须有完整的课程整体教学设计和单元教学设计，要实现一体化的课程教学。在大型实训课中，应当强调相关"知识"的有机配合。

3. 两种课程教学设计的比较

(1) 传统的知识体系课程，以抽象的知识概念问题引入。教师讲解新概念、定义、定理，进行逻辑推导与证明，然后学生用实验对知识理论进行验证，知识讲解完毕，验证完毕，轮到教师介绍知识的应用实例了。"先学后用"在这里得到充分表现。知识的掌握和巩固手段是问答、习题和练习，用大量题目巩固知识、练习解题技巧、归纳解题方法。

这种课的特点是：给学生讲书(课本)，围绕通用知识体系、知识点、重点难点讲书，理论课与实践课通常是分离的。

(2) 职业技术课程是以直观、具体的职业活动导向的案例引入。从案例引出实际的问题，教师对问题进行试解、演示，学生可以先模仿。教师对学生的引导不是理论推导，更多的是行动引导。问题初步解决之后，对知识进行归纳：系统知识、类型问题、解题模式。要知道，实验与实训是两种不同的东西。实验的功能是验证理论的正确性，实训是用实际任务训练学生的能力。所以，只有实验的课程并不是理想的职业教育课程。更进一步，职业教育课程的内容结构可以抛开传统的知识体系，而是以职业岗位活动为依据。也就是说，课程内容保持了职业活动的完整性，打破了知识体系的完整性。只有在任务完成之后，才将活动过程中的知识进行系统梳理，得到相对完整的系统知识和定量理论。

许多传统的课程到此已经可以结束了，但职业教育课程还要引用大量案例，进行实例功能的扩充。让学生在新的任务中，对能力进行反复训练。

这种课的特点是，领学生做事，围绕知识的应用能力、用项目对能力进行反复实训，课程教学要一体化设计。

4. 课程整体(宏观)教学设计常见问题

(1) 课程面向学科体系，教师不了解职业岗位要求，不会进行能力需求分析，不熟悉实际项目，举不出课程案例，找不到实训项目。

(2) 完全受课本内容和顺序的局限，教师不会补充实例。

(3) 单一知识考核，缺乏能力考核，没有全面考核。

(4) 内容、过程非一体化；缺少实践项目背景和解决实际问题的线索；理论与实践分离；缺少单项和综合实训。

(5) 课程以教师为主体、缺少互动，缺少学生的积极参与，无法引起学生的兴趣。

(6) 实验与实训不分，教学活动与实训不分，以为课堂提问、课堂练习和课本习题就是职业教育中的"实训"了。

(7) 教学活动安排不合理。各环节(实训、知识、理论)都有，但相互不支持。

(8) 信息量太小、效率太低。老师讲的东西学生不喜欢、学生喜欢的东西老师不讲。

(9) 课程只重视专业内容，缺少自觉的"自我学习"能力的训练，学生没有持续发展的能力。

(10) 缺少三维整合，即知识与技能、过程与方法、情感态度与价值观的整合。只有知识一项，只教书不育人。

5. 教学工作问题与教师思维误区

职业院校中，教师思维中的误区通常表现为课程教学中的具体问题。现将常见的这类问题罗列如下。

➢ 教师从校门到校门，不了解市场竞争形势，不习惯严格管理，对教改缺乏动力，对学校的整体发展缺乏责任感和危机感。

➢ 教师缺乏本专业实际应用经验，缺乏实践、缺乏前沿知识。

➢ 教师不熟悉教材，上课缺乏精品意识。

➢ 教研室缺乏交流互动，没有形成有效的教学梯队。

➢ 教师不了解新时代学生的兴奋点、兴趣、积极面，只看到学生的缺陷。

➢ 教师只知道学科体系，不知道按课程的能力目标重组教材。

➢ 教师只了解专业内容，不了解学生的认知过程。课程的进程缺乏认识论指导。学生反映课程内容枯燥无味，老师认为学生缺乏专业素养。

➢ 教师不注意授课方法。上课只介绍专业内容，只训练专业能力，不训练学习能力，课程内容缺少"可持续发展"这一重要方面。

➢ 教师单凭经验上课，只会按照课本上课。课程缺乏整体(宏观)设计和单元(微观)设计。

➢ 教师只会知识讲授，不会行动引导。

➢ 教师备课只备理论、知识、课本、专业；不了解学生实际情况，不准备课程相关的技能操作以及实训，不了解相关设备及工具的使用，不考虑如何在课程中贯穿德育、外语的教育。

➢ 教师举不出实例，找不到项目(案例、课题、任务、实务)。

➢ 教师只教书，不认识学生、不了解学生，不育人。

➢ 教学内容单一(知识、概念)，缺乏市场、企业中的实际应用。

➢ 教师只注重教学进度，不顾教学效果。

6. 如何知道课程是否符合要求

教师可以用下列问题，检查自己的专业能力水平和教学能力水平，检查自己的课程设计中体现出来的指导思想。教改自检问题如下：

- 课上有没有精彩内容吸引学生？
- 课上有没有丰富的补充实例？
- 课上有没有操作，包括教师的示范和学生独立完成的操作？
- 课上有没有提供成败、正反两面案例和经验？
- 课上有没有重点训练学生的"学习能力"？
- 课程有没有贯穿的综合项目(案例、实务)和相应实训？
- 课程有没有单项实训？
- 课上有没有学生的积极参与？
- 课程内容有没有尽量与学生感兴趣的考试和求职联系？
- 课程有没有带领学生解决实际问题？
- 教学过程有没有精讲多练、小步快进？
- 教师是"力求讲全"、力求"完成进度"，还是"力求引起兴趣，让学生自己产生动力学全学好"？
- 课程有没有全面考核、综合评价，特别是对能力的考核评价？
- 课程有没有教书育人、管理育人？
- 课上课下有没有用过程控制规范学习进程，培养新的学习习惯和自学能力？.
- 课程有没有规范的教学文件：专业教学计划、课程大纲、课程设计、课程教案？
- 教师有没有积极主动参与课程教学改革的研讨？
- 教师有没有全面准备实践教学内容：项目设计、项目实践？还是只有习题解答、公式推导？
- 教师的实践经验够用吗？是否应安排自己的专业实践(在实训室)、企业实践？
- 教师对专业和课程的前沿状况了解吗？是否应安排专业进修？

参 考 文 献

[1]　丁春莉，陈辉. 计算机应用基础案例教程[M]. 北京：清华大学出版社，2013

[2]　Adobe 公司. Adobe Flash CS5 中文版经典教程[M]. 北京：人民邮电出版社，2013

[3]　Adobe 公司. Adobe Photoshop CS5 中文版经典教程[M]. 北京：人民邮电出版社，2013

[4]　Adobe 公司. Adobe Premiere Pro CS4 经典教程[M]. 北京：人民邮电出版社，2009

[5]　北京阿博泰克北大青鸟信息技术有限公司. 使用 HTML 语言开发商业网站[M]. 北京：
　　　科学技术出版社，2008

[6]　北京阿博泰克北大青鸟信息技术有限公司.JavaScript 客户端验证和页面特效制作[M].
　　　北京：科学技术出版社，2008

[7]　戴士弘. 职业教育课程教学改革[M]. 北京：清华大学出版社，2007

[8]　戴士弘. 职教院校整体教改[M]. 北京：清华大学出版社，2012